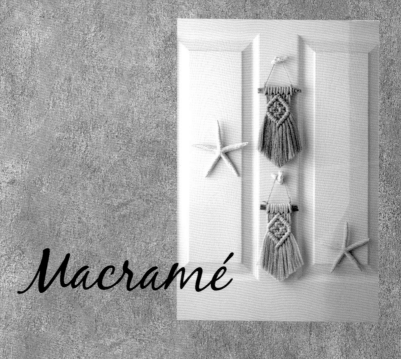

Macramé

花編結
Macramé

法式繩結
編織設計

波西米亞風格家飾品

村上沙織◎著

Bohemian Style

村上 沙織
Slowly fibers

出生於鹿兒島縣。現居日本茨城縣、育有一子。
從小受到母親影響而喜愛手工藝。
2017 年接觸到 Macrame 花編結，自學了這項技術，
慢慢地以 Slowly fibers 之名開始進行相關活動。
專注製作具現代感的繩結作品，靈感來自身旁熟悉的
事物，如海洋和風的聲音、日常風景和城鎮周邊的藝
術等…融入創作中。以各種結繩方式編織出有著溫暖
感的女性化作品獲得好評。
除了開設體驗工作坊及個人課程外，也擁有擔任文化
講座教師及市集活動等多項經歷。
2021 年秋天，開設 Slowly fibers Macrame 編織設計
師培訓課程。
Instagram　@slowly_fibers525

購入材料店家名單

Stella Sea Fibers
（Stella Sea Fibers Macrame 編織用繩）
https://www.stella-sea.shop/

CHYAREE
（Bobbiny Macrame 編織用繩）
https://chyaree.com/

メルヘンアートストア
（Macrame 編織專用板 固定針、金屬環等用品）
http://marchen-art-store.je/

アンシャンテ工房 樂天市場店
（木環類用品）
https://www.rakuten.co.jp/pinkmonkey/

流木の通販專門 流木日和
（飄流木）
https://ryu-boku.net/

Contents

開始製作前

　　當聽到「Macrame」或「花編結」這個單字，你是否感到有點印象呢？Macrame指的是「單使用雙手重複打結，就可完成的編織手法。」這樣簡單的工藝。雖然作法相當簡單，根據與不同的繩結組合、搭配就能表現出各式各樣的設計，不管是細緻的、或大膽強烈的風格都能完成。

　　因為感受到這般無限變化的可能性─「能夠自由的表現」的魅力即是我愛上Macrame編織的原因。雖然也有基本的繩結打法，但是Macrame的世界裡，幾乎沒有「不這樣做不行」、「必須這樣做」之類的規則，能以自由的發想來創作，能編出來的繩結就能做出形狀。

　　「繩結」的文化在世界各地發展傳承。以共通的「Macrame編織」為大家所熟悉，現在更因為許多的藝術家不斷努力、改進並創作各式作品，讓人對Macrame編織的各種可能性更是心動不已。

　　希望此書能成為，讓還不知道Macrame編織的人，開始認識Macrame編織的魅力，進而能夠想要動手來做做看的一本書。

村上 沙織
Slowly fibers

需要準備的道具、編織繩、圓木棒等

介紹製作本書中繩編作品時，需要的道具、編織繩、圓木棒等。

基本工具

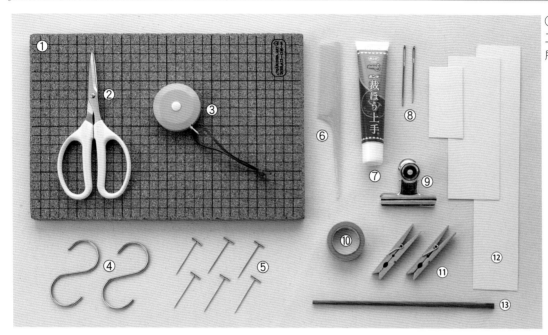

①～⑧是本書中常使用的工具。及其他依作品種類所需使用的工具。

①Macrame編織專用板
在編織像是杯墊等小型作品時使用。也可改用厚的軟木墊代替。

②剪刀
裁剪繩子時使用。準備手工藝用的小剪刀就很方便。

③捲尺
測量繩長和作品尺寸時使用。

④S型掛鉤
用來吊掛掛毯、壁掛的吊棒。

⑤T字固定針
可插在繩編專用板上用來固定繩子。也可以改用珠針代替。

⑥梳子
製作流蘇時，用來梳開繩子。

⑦手工藝黏膠
用於固定繩子鬆散端。

⑧縫針
用來縫合編織物的縫針。球型結（P.7）打結時使用。

⑨夾子
將編織繩固定在專用板。

⑩紙膠帶
修剪繩子尾端時使用。

⑪衣夾
將編織繩固定在厚紙板。

⑫厚紙板
製作一定寬幅的繩結作品時，作為輔助工具使用。

⑬衛生筷
製作杯墊時使用。

編織繩、掛毯用吊棒

單股線

3股線

編織繩
書中作品所使用單股的編織繩（一條線撚製的編織繩）和3股線（三條線成一束撚製的繩子）兩種，配合作品的氛圍分別使用。

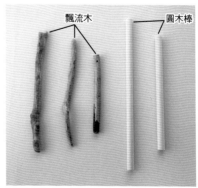

漂流木

圓木棒

掛毯用吊棒
書中的掛毯用吊棒，全部皆使用漂流木。或也可在手工藝品店之類的商店，購買木製圓木棒，再裁切成適當的長度使用。

準備工作

製作Macrame編織掛毯前，需准備掛毯用吊棒。

棉繩的裁剪方法

準備棉繩和紙膠帶。

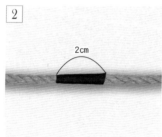

在欲裁剪棉繩的位置，以紙膠帶繞捲約2cm的長度。

連同紙膠帶一起裁剪棉繩。

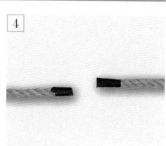

將棉繩剪開的狀態。沒鬆散的繩端就能拿來打結。

準備掛毯用吊棒

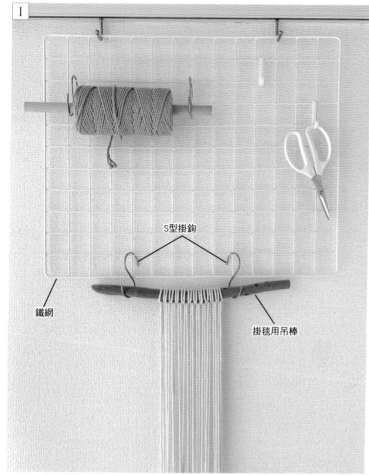

將網架固定在牆上。將S型掛鉤掛在網架上，再掛上掛毯用吊棒。

S型掛鉤掛在網架上，方便調節木棒的高度。其他位置也方便收納剪刀和棉繩等工具。如果沒有安裝網架的空間，可改用掛衣架代替。

4

基本的繩結打法

介紹Macrame編織經常使用的繩結打法

反雀頭結（圈環在反面）

掛毯用吊棒

將繩對摺，綁在棒子或中心繩上是本書常使用的作法。

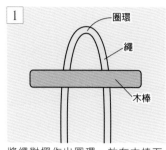

圈環
繩
木棒

1 將繩對摺作出圈環，放在木棒下方。

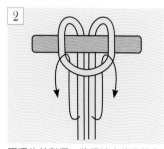

2 圈環往前對摺，將繩端由後往前穿出圈環。

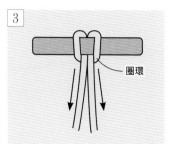

圈環

3 將繩端拉緊。完成反雀頭結（圈環在反面）

正雀頭結（圈環在正面）

雀頭結的圈環位於上方的打法。繩的打法會根據作品而有所不同。

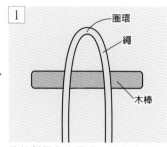

圈環
繩
木棒

1 將繩對摺作出圈環，放在木棒上方。

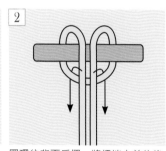

2 圈環往背面反摺，將繩端由前往後穿入圈環。

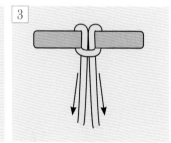

3 將繩端往下拉緊。完成雀頭結（圈環在正面）。

製作小型尺寸作品　製作於Macrame編織專用板即可完成的小型作品時，固定在板上後再進行打結。

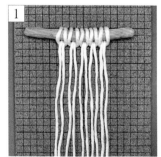

1 將繩綁在木棒後，放在專用板上。

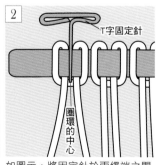

T字固定針

圈環的中心

2 如圖示，將固定針於兩繩端之間（圈環的中心）插入。

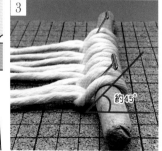

約45°

3 固定針頭以45度角穿過繩結，插入專用板中。

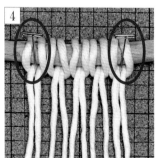

4 以T字固定針固定繩結。

單結

固定繩子末端的方法。

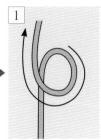

1

將繩子做一圈狀。

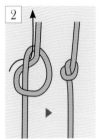

2

將繩穿出圈環，拉緊繩子就完成了。

活結

是為了之後仍能將繩子鬆開的打結方法。

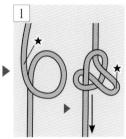

1

將繩做一圈狀。將一繩端（★）由圈中拉出後，另一較長的繩端往下拉緊。

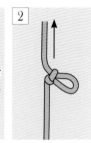

2

完成的樣子。當拉住較短的繩端時，就能使繩結鬆開。

平結

Macrame編織中最基本也是最常被使用的繩結打法。

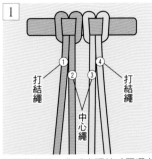

1

取兩條繩子，作反雀頭結（圈環在反面）固定於圓棒上（P.5）。外側①④作打結繩，內側②③兩條作中心繩來打結。

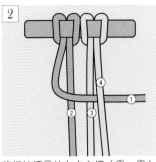

2

將打結繩①放在中心繩（②・③）上方，上方再放上打結繩④。

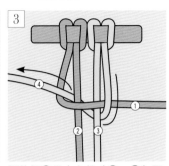

3

打結繩④從中心繩（③・②）下方、打結繩①的上方穿過。

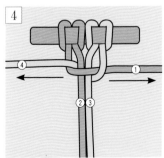

4

將打結繩④和①往左右兩端拉緊，到此完成半目。

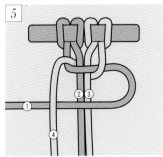

5

打結繩①回摺在中心繩上，將打結繩④放在上方。

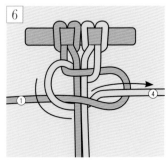

6

打結繩④從中心繩下方，打結繩①的上方穿過。

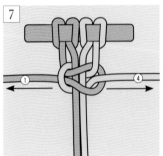

7

將打結繩④和①往左右兩端拉緊。

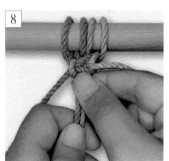

8

將中心繩往下拉，調整結目。

9

一個平結的結目完成。

螺旋結

將繩子連續打結，就會變成螺旋狀的作法。

1 以P.6‧步驟1～4相同作法打結拉緊。

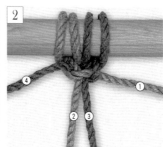

2 一個螺旋結完成。

3 將打結繩④放在中心繩（②‧③）上方，上方再放上打結繩①。

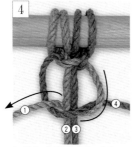

4 打結繩①從中心繩（③‧②）的下方，打結繩④的上方穿過。

5 螺旋結兩個結目完成。重複步驟1～4製作。

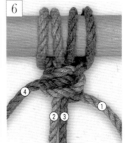

6 螺旋結三個結目完成。隨著結目的增加，繩子會開始扭曲成螺旋狀。

7 螺旋結七個結目完成的樣子。

三個平結結目的球型結

將平結做成球狀的方法。

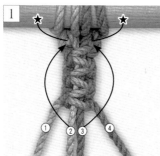

1 打「平結」（P.6）三個結目。在平結的第一個結目的空隙（★）穿入中心繩②③。

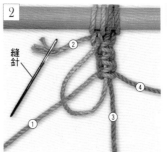

2 如果繩子不易直接穿過空隙時，可利用縫針使繩子較容易穿入。

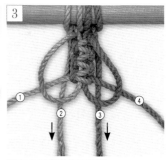

3 將中心繩②③往下拉緊。

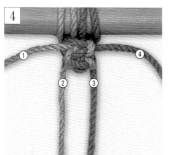

4 平結往上卷成球狀的樣子。

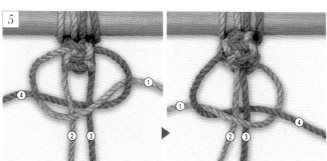

5 接著，將②③作中心繩，在球型下方打一個平結，固定球型。

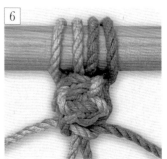

6 球型結完成。如果增加平結的結目數量，就能製作出更大的球型。

橫卷結

★ 往右方向的情況

將打繩結捲繞一條中心繩，將繩子打結的作法。

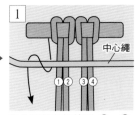

1 中心繩放在打結繩 ①～④ 上，打結繩①如圖示方向捲繞中心繩。

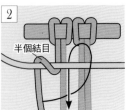

2 至此半個結目完成。將中心繩拉緊，打結繩①從中心繩前面往後側捲繞。

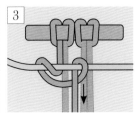

3 拉緊打結繩①，塞緊結目。

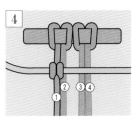

4 一個橫卷結完成。打結繩依②→③→④的順序打結。

★ 往左方向的情況

雖然完成的結目和「往右方向」時看起來一樣。但製作時是反方向。

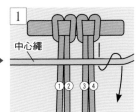

1 中心繩放在打結繩①～④ 上。打結繩④如圖示方向捲繞中心繩。

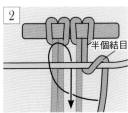

2 至此完成半個結目。將中心繩拉緊，打結繩④從中心繩前面往後側捲繞。

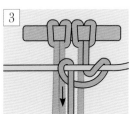

3 拉緊打結繩④，塞緊結目。

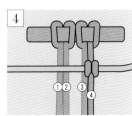

4 完成一個橫卷結。打結繩依③→②→①的順序打結。

斜卷結

★ 往右下方向的情況

將中心繩往右下斜放，捲繞打結。

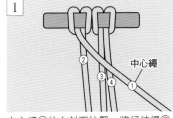

1 中心繩①往右斜下拉緊，將打結繩②以「橫卷結★往右方向時」相同製作要領捲繞打結。

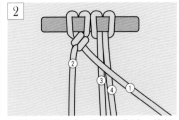

2 一個斜卷結完成。依相同作法，將打結繩依③→④的順序打結。

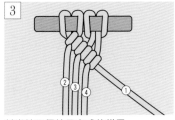

3 斜卷結三個結目完成的樣子。

★ 往左下方向的情況

將中心繩往左下斜放，捲繞打結。

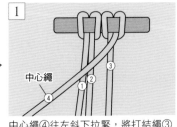

1 中心繩④往左斜下拉緊，將打結繩③以「橫卷結★往左方向時」相同製作要領捲繞打結。

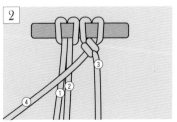

2 一個斜卷結完成。依相同作法，打結繩依②→①的順序打結。

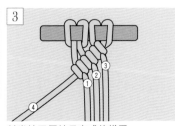

3 斜卷結三個結目完成的樣子。

左右結

左右兩條繩子交互捲繞打結的作法。

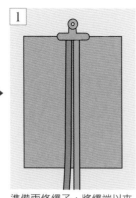

1 準備兩條繩子，將繩端以夾子固定在編織專用板上。

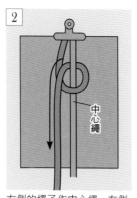

2 右側的繩子作中心繩，左側的繩子捲繞中心繩後拉緊。

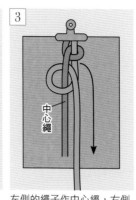

3 左側的繩子作中心繩，右側的繩子捲繞中心繩後拉緊。

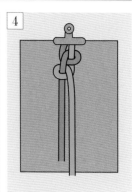

4 一個左右結完成。

收繩結

將整束繩子使用打繩結以捲繞收束繩子的作法。

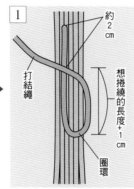

1 打結繩做出一圈環，放在整理成束的繩束邊。

約2cm
打結繩
想捲繞的長度+1cm
圈環

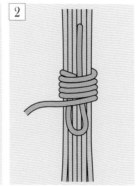

2 打結繩往下緊密捲繞中心繩，不要留下空隙。

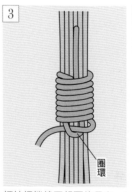

3 打結繩捲繞至想要的長度，將繩子穿過步驟 1 做的圈環。

圈環

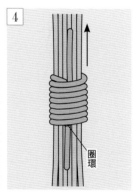

4 將打結繩上端往上拉緊，下方的圈環就會被拉入捲繞的繩子內固定。再將繩的兩端裁剪。

圈環

垂吊繩的綁法

1 垂吊繩從吊棒後方往前繞圈。

垂吊繩
吊棒

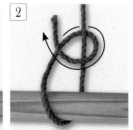

2 繩端從後面捲繞著繩子較長的那頭，做出繩圈。

3 繩端穿過繩圈打單結。

4 繩端穿過繩圈打單結。

5 繩子的另一端以相同作法打單結在吊棒上。完成。

照
片
展
示
壁
掛

使用基本平結就可以完成，非
常適合初學者製作的掛毯。夾
上明信片和照片作為裝飾就十
分好看。

❖ 材料（一個份）＆道具 ❖

〈**主體棉繩**〉3股線（Stella Sea Fibers 公平貿易有機棉繩3股線／粗約：3mm）
　棉繩A…260cm×10條　棉繩B…240cm×2條
　※棉繩A、棉繩B為相同顏色（顏色：原色）
〈**垂吊繩**〉（和主體棉繩相同顏色／顏色：原色）…100cm×1條
〈**其他材料**〉吊棒…漂流木或圓木棒（長45cm）×1根
〈**道具**〉基本道具（P.3）

❖ 作法 ❖ ※為方便理解，使用不同顏色的棉繩進行示範、說明。

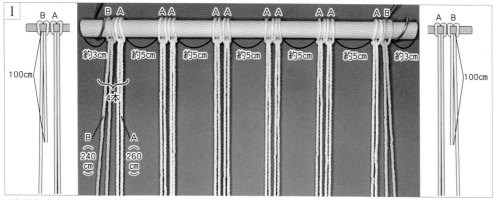

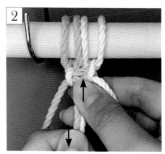

2條棉繩B（240cm）如圖示對摺，綁在吊棒左右兩端，棉繩A（260cm）10條對半摺，皆以反雀頭結（圈環在反面）（P.5）。如照片所示4條為一組，棉繩之間如圖示做出均等間隔。

第1行以4條一組打兩個平結結目，6次（P.6）。完成一個結目時，將內側的兩條中心繩以左手往下拉，右手將結目確實往上推緊。

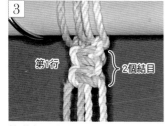

接著打一個平結，和2相同，將結目位置往上推緊。

重複2·3至右端為止，共計6次。

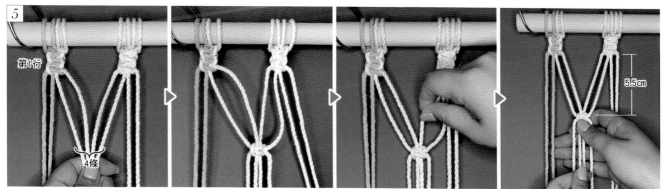

第2行則從相鄰的第1行內側棉繩各取兩條，4條一組打平結兩個結目，5次。完成一個結目時，稍微調整中心繩至左右均等長度，讓結目在第1行下方5.5cm處。

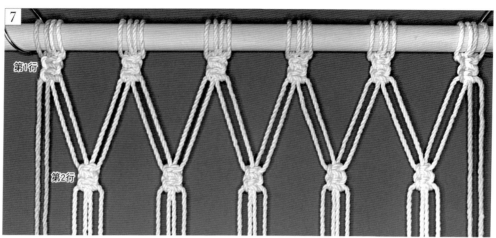

接著打一個平結，和②相同作法，將結目位置往上推緊。

和⑤·⑥相同作法，共計打平結兩個結目5次。第2行完成。

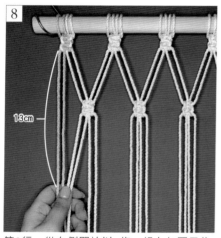

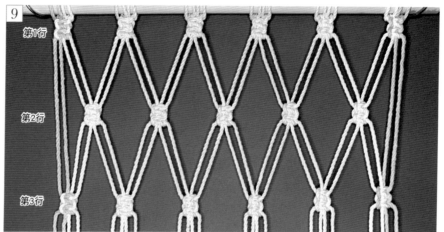

第3行，從左側開始以4條一組在如圖示位置打平結。

共計打平結兩個結目6次。第3行完成。

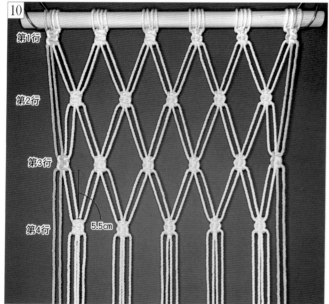

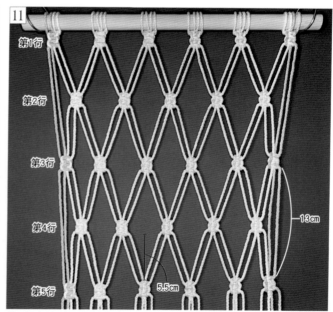

第4行和第2行（⑤～⑦）相同，打平結兩個結目，5次。

第5行和第3行（⑧·⑨）相同，打平結兩個結目，6次。

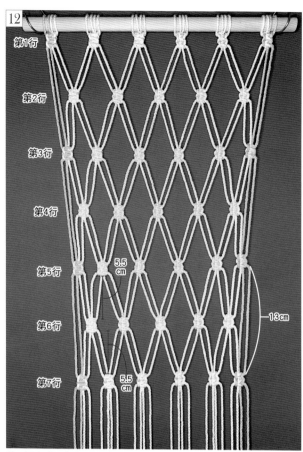

第6行和第2行相同，打平結兩個結目，5次。
第7行和第3行相同，打平結兩個結目，6次。

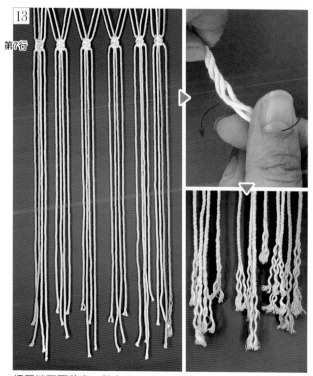

繩尾端不要剪齊，隨意留下不同長度。與棉繩撚製方向相反
以手指轉鬆繩端。

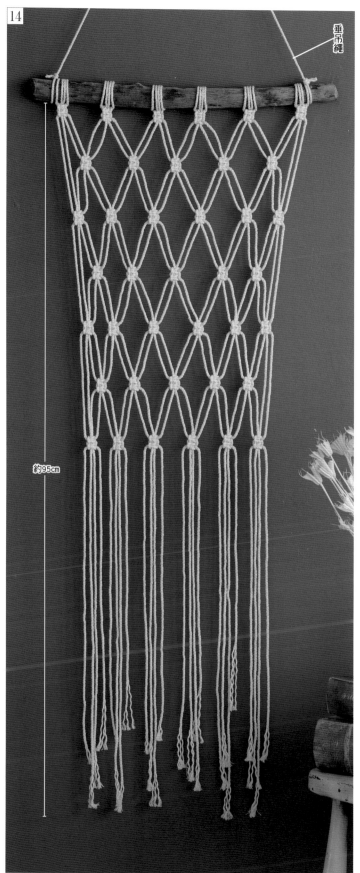

將垂吊繩（100cm）綁在吊棒左右兩端（P.9），完成。

2

迷你鑽石花樣掛毯

以斜卷結和平結描繪出鑽石花樣。將巴掌大小，不同顏色的小褂毯排列在一起也很可愛。

2-1

2-2

❖ 材料（一個份）＆道具 ❖

2-1

〈主體棉繩〉單股線（Bobbiny Macrame編織單股線／粗約：5mm）
棉繩（顏色：珍珠白）…85cm×5條

2-2

〈主體棉繩〉單股線（Bobbiny Macrame編織單股線／粗約：5mm）
棉繩（顏色：迷霧藍）…85cm×5條

〈垂吊繩〉麻繩（顏色：原色）…30cm×1條

〈其他材料（2-1・2-2共通）〉吊棒…漂流木或圓木棒（長度12cm）×1根

〈道具（2-1・2-2共通）〉基本道具（P.3）

❖ 作法 ❖ ※為方便理解，使用不同顏色的棉繩進行示範、說明。

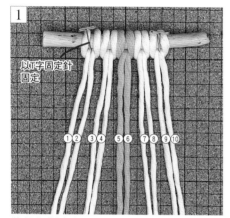

將棉繩對半摺，以反雀頭結（圈環在反面）（P.5）在吊棒綁上五條。如圖示，以固定針固定在軟木墊上。

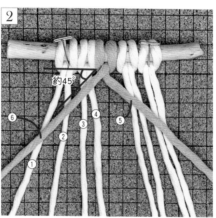

正中間的棉繩⑥，交叉放在⑤上方，⑥作中心繩，往左下打斜卷結（P.8）。

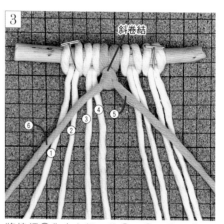

將棉繩⑥作中心繩，依④→③→②→①的順序往左下打斜卷結。

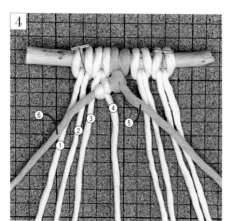

棉繩④以斜卷結打一個結目的樣子。剩下三條也以相同作法打結。

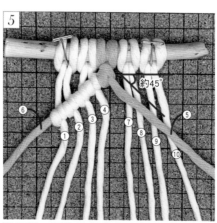

對面側，則將棉繩⑤作中心繩，依⑦→⑧→⑨→⑩的順序往右下打斜卷結。

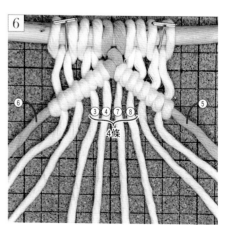

在距離斜卷結約1cm處，將正中間的4條（③④⑦⑧）打一個平結（P.6）。

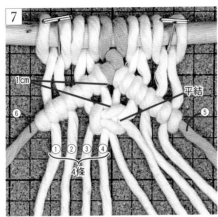

7

已完成一個平結的樣子。跳過左側的棉繩⑥，以相鄰的4條（①～④）不留空隙地打一個平結。

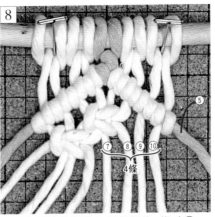

8

跳過右側的棉繩⑤，以相鄰的4條（⑦～⑩）打一個平結。

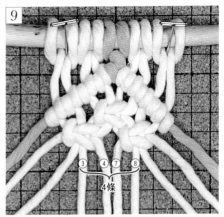

9

將正中間的4條（③④⑦⑧）打一個平結。

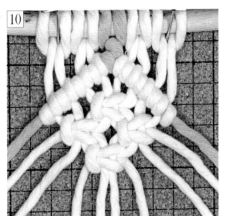

10

四個平結排成菱形花樣的樣子。

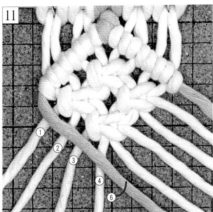

11

將⑥往內側回摺，依①→②→③→④的順序往右下打斜卷結。

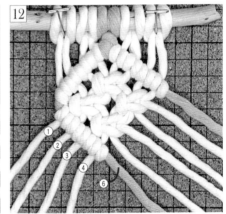

12

完成斜卷結的樣子。

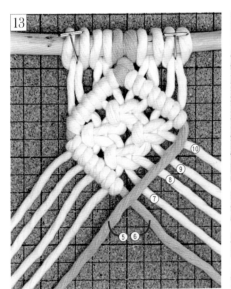

13

將⑤回摺放在⑥的上方，從右側開始依⑩→⑨→⑧→⑦→⑥的順序往左下打斜卷結。

14

完成斜卷結的樣子。

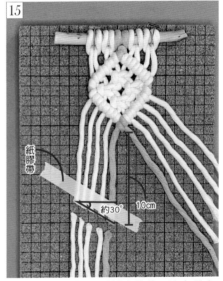

15

將左側的五條棉繩以斜向裁剪。決定長度和角度後，以紙膠帶固定後修剪多餘的棉繩。

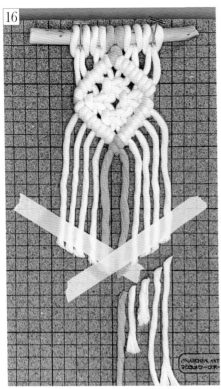

16

以左右對稱裁剪右側的五條棉繩。

17

剪出流蘇後，以梳子從棉繩尾端往上，仔細地梳開棉繩。

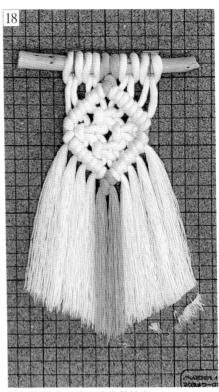

18

棉繩梳鬆後，將下端修剪整齊。

19

2-1

2-2

垂吊繩

約18cm

將垂吊繩（30cm）綁在吊棒左右兩端（P.9），完成。

平結雙層流蘇掛毯

以平結打成V字的兩組花樣，
重疊擺放後，製成掛毯。

❖ 材料（一個份）＆道具 ❖

〈主體棉繩〉3股線（Bobbiny Macrame編織3股線／粗約：3mm）

　棉繩A（顏色：月桂綠）…200cm×4條　棉繩B（顏色：月桂綠）…180cm×4條　棉繩C（顏色：原色）…240cm×4條

　棉繩D（顏色：原色）…200cm×4條　棉繩E（顏色：原色）…75cm×40條

〈垂吊繩〉（和主體棉繩相同／顏色：原色）…80cm×1條

〈其他材料〉吊棒…漂流木或圓木棒（長30cm）×1根

〈道具〉基本道具（P.3）

❖ 作法 ❖ ※為方便理解，使用不同顏色的棉繩進行示範、說明。

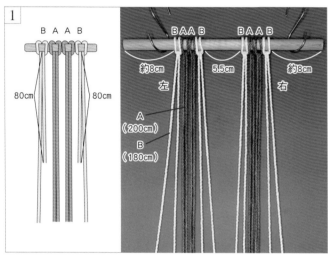

棉繩A（200cm）對摺、棉繩B（180cm）如圖示對摺後，以反雀頭結（圈環在反面）（P.5），在吊棒上共綁上八條。

首先從左側開始打結。第1行以4條一組打一個平結結目，2次（P.6）。

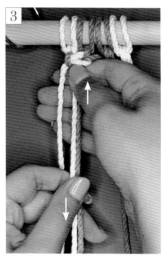

完成一個平結後，將內側的中心繩兩條以左手往下拉，右手將結目確實往上推緊。

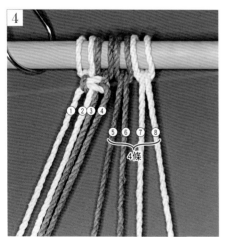

將剩下的4條繩以3相同作法，打一個平結。

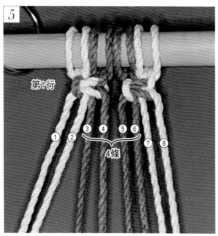

完成第1行。第2行，將正中間的4條一組（③～⑥）打一個平結，將結目推緊至和第1行之間不留空隙。

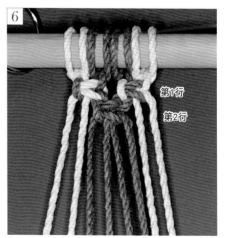

第2行完成。

7

第1行
第2行
第3行
第4行
第5行
第6行
第7行
第8行
第9行
第10行
第11行

約10.5㎝

重複 ②～⑥ ，共計打11行。

8 左　　右

右側相同打11行。第12行則依
照片所示，從左右各取兩條，
打一個平結。

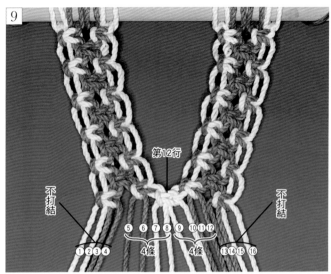

9

第12行

不打結

不打結

⑤⑥⑦⑧　⑨⑩⑪⑫
①②③④　4條　4條　⑬⑭⑮⑯

完成第12行。第13行跳過左右兩端的四條，從旁邊開始以4條一組
（⑤～⑧和⑨～⑫）打一個平結，2次。

10

第12行

①
②

不打結

第13行

⑯
⑮

不打結

③④　⑤⑥　⑦⑧　⑨⑩　⑪⑫　⑬⑭
4條　4條　4條

完成第13行。第14行跳過左右兩端的兩
條，從旁邊開始以4條一組（③～⑥和⑦～
⑩、⑪～⑭）打一個平結，3次。

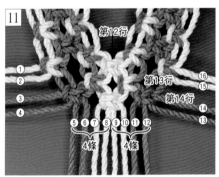

11

第12行

①
②
③
④

第13行
第14行

⑯
⑮

⑭
⑬

⑤⑥⑦⑧　⑨⑩⑪⑫
4條　4條

完成第14行。第15行跳過左右兩端的四
條，從旁邊開始以4條一組（⑤～⑧和⑨～
⑫）打一個平結，2次。

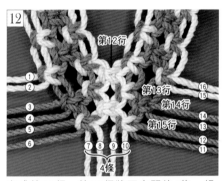

12

第12行

①
②

③
④
⑤
⑥

第13行
第14行
第15行

⑯
⑮

⑭
⑬
⑫
⑪

⑦⑧⑨⑩
4條

完成第15行。第16行將正中間的4條一組
（⑦～⑩）打一個平結。

13

第12行

第13行
第14行
第15行
第16行

完成第16行。

14

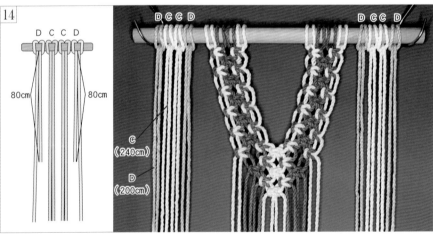

D C C D

80cm　　80cm

C
（240cm）

D
（200cm）

D C C D

棉繩C（240cm）對摺，棉繩D（200cm）如圖示對摺後以反雀頭結（圈環在反面）
（P.5），在吊棒上共綁上八條。

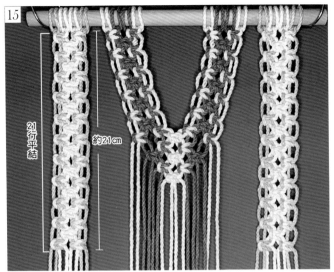

依②～⑥相同作法，將已綁在⑭上，左右兩端的棉繩C和D分別都編21行。

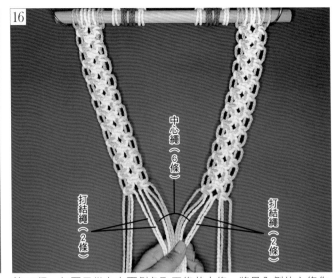

第22行，如圖示從左右兩側各取五條共十條，將最內側的六條作中心繩打一個平結。

完成平結後，將中心繩往下拉，結目往上推緊。

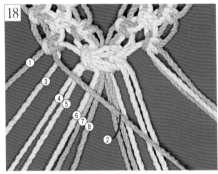

接著，跳過左側的一條，將第2條棉繩②往內側回摺。將②作中心繩，依③→④→⑤→⑥→⑦→⑧的順序往右下打斜卷結（P.8）。

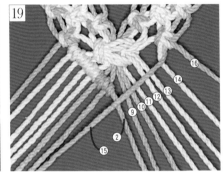

相反側也跳過右側一條，將第2條棉繩⑮往內側回摺。將⑮作中心繩，依⑭→⑬→⑫→⑪→⑩→⑨→②的順序往左下打斜卷結。

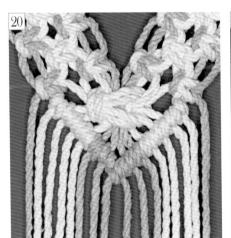

使用斜卷結作出V字花樣。

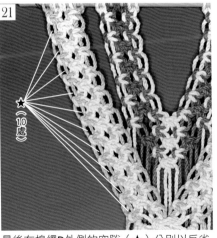

最後在棉繩D外側的空隙（★）分別以反雀頭結（圈環在反面）（P.5）各綁上兩條棉繩E（75cm）製作流蘇。

左上第一個空隙綁上兩條流蘇的樣子。

右側的空隙和左側相同作法，也接上20條流蘇。

綁上流蘇後的樣子。

將流蘇修剪成V字的形狀。

約52cm

和P.13・⑬相同，將繩端鬆開。在吊棒兩端綁上垂吊繩（80cm）
（P.9），完成。

海
玻
璃
掛
毯

宛如劃數字8般浮現的鑽石花
樣，設計精緻的掛毯。

〈主體棉繩〉3股線（Stella Sea Fibers 公平貿易有機棉繩 3股線／粗約：3mm）
　棉繩A…160cm×6條　　棉繩B…120cm×26條　　棉繩C…280cm×8條　　棉繩D…100cm×26條
　※棉繩A、棉繩B、棉繩C、棉繩D皆為相同顏色（顏色：原色）
〈垂吊繩〉（和主體棉繩相同顏色／顏色：原色）…80cm×1條
〈其他材料〉吊棒…漂流木或圓木棒（長30cm）×1條、海玻璃（依個人喜好，沒有也沒關係）
〈道具〉基本道具（P.3）

❖ 作法 ❖ ※為方便理解，使用不同顏色的棉繩進行示範、說明。

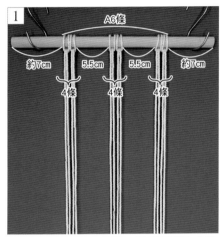

將棉繩A（160cm）對摺，以反雀頭結（圈環在反面）（P.5），在吊棒上兩條一組共綁上6條。第1行以4條一組打一個平結（P.6），3次。

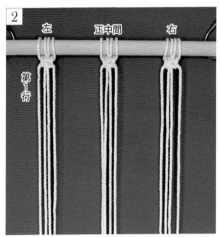

完成一個平結後，同P.19・③相同，將結目推到最上方，第1行完成。

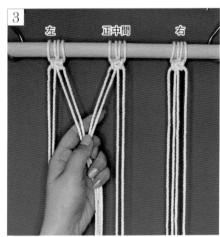

第2行，從左側和正中間的平結各取兩條棉繩，打一個平結。將結目調整到距第1行約3.5cm處（參照P.11・⑤）。

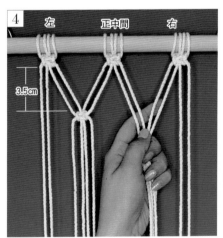

接著，從正中間和右側的平結各取兩條棉繩，打一個平結。

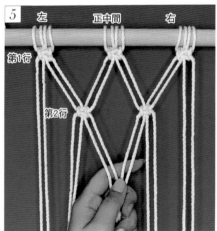

第3行，從第2行的平結各取兩條棉繩，打一個平結。將結目調整到距第2行約3.5cm處。

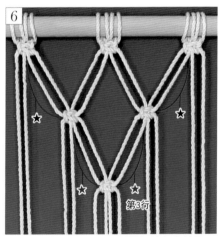

第3行完成的樣子。在圖⑦中斜向的棉繩A外側（★・★），將棉繩B做雀頭結（圈環在正面）（P.5）做流蘇。

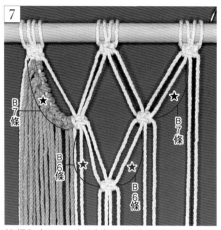

棉繩B（120㎝）以雀頭結（圈環在正面）
（P.5）在★兩處、☆兩處分別綁上七條及
六條共計26條。

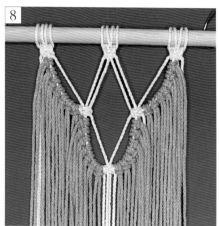

將棉繩B全部綁上後的樣子。

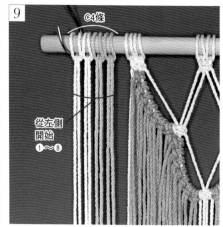

在吊棒左側，將棉繩C（280㎝）八條中的
四條對摺，打反雀頭結（圈環在反面）。

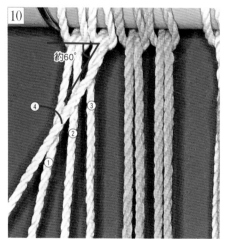

棉繩C的左側開始算第四條（④）作中心
繩，依③→②→①的順序往左下打斜卷結
（P.8）。

左側開始算第五條（⑤）作中心繩，依⑥→
⑦→⑧的順序往右下打斜卷結（P.8）。

接著，將正中間的六條互相交叉。

首先，將⑥從③的上方→②的下方→①的
上方交叉穿過。

左側的④從⑥的上方回摺，將④作中心
繩，⑥往右下打斜卷結。

以⑥完成斜卷結的樣子。

16

接著，將棉繩⑦從③的**下方**→②的**上方**→①的**下方**→④的**下方**交叉穿過。將④作中心繩，⑦往右下打斜卷結。

17

以⑦完成斜卷結的樣子。

18

接著，將棉繩⑧交叉穿過③的**上方**→②的**下方**→①的**上方**→④的**下方**。將④作中心繩，⑧往右下打斜卷結。

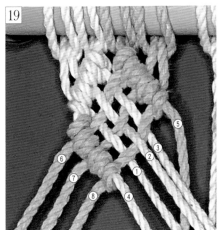

19

棉繩⑧完成斜卷結的樣子。

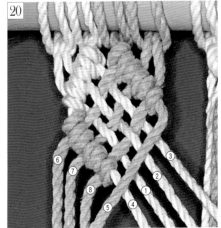

20

右側的⑤回摺在①～④上方。以⑤作中心繩，依③→②→①→④的順序往左下打斜卷結。

21

約4cm

一個鑽石花樣完成。

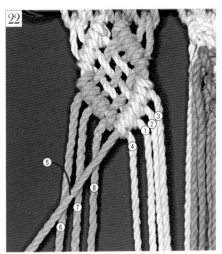

22

以⑤作中心繩，依⑧→⑦→⑥的順序往左下打斜卷結。

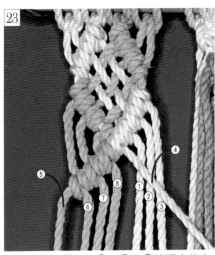

23

以④作中心繩，依①→②→③的順序往右下打斜卷結。

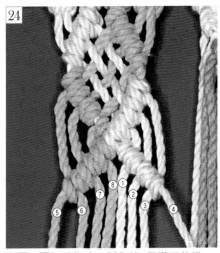

24

依12～21相同作法，製作第2個鑽石花樣。

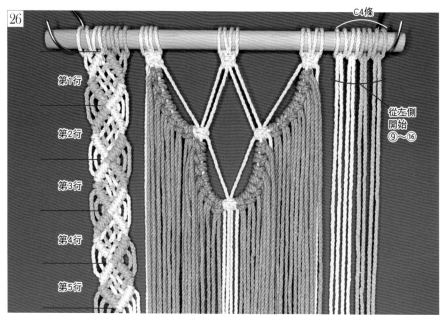

第2個鑽石花樣完成。重複22～24作法，共做五個鑽石花樣。

完成五個鑽石花樣。將剩下的棉繩C四條對摺後，以反雀頭結（圈環在反面）綁在吊棒右側。

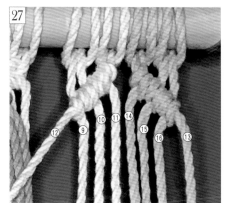

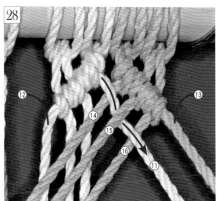

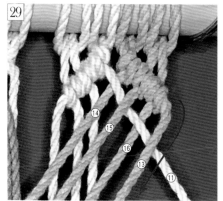

以9～12相同作法打結。接著，將正中間的6條做交錯交叉。

首先，將棉繩11如縫紉般，從14的上方→15的下方→16的上方交叉穿過。

右側的13從11的上方回摺，將13作中心繩，11往左下打斜卷結。

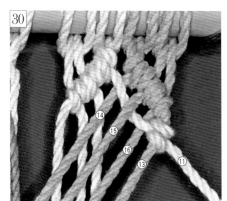

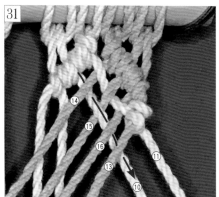

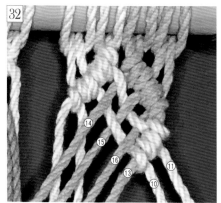

棉繩11完成斜卷結的樣子。

接著，將棉繩10交叉穿過14的下方→15的上方→16的下方→13的下方。將13作中心繩，10往左下打斜卷結。

棉繩10完成斜卷結的樣子。

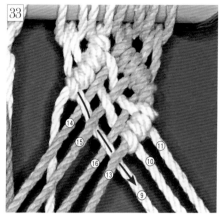

33

將棉繩⑨交叉穿過⑭的上方→⑮的下方→⑯的上方→⑬的下方。將⑬作中心繩，⑨往左下打斜卷結。

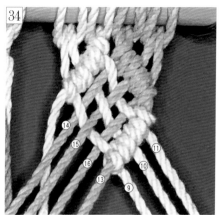

34

棉繩⑨完成斜卷結的樣子。

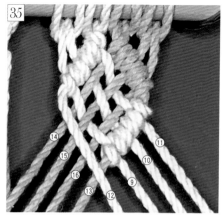

35

左端的⑫在⑬～⑯上方回摺。以⑫作中心繩，依⑭→⑮→⑯→⑬的順序往右下打斜卷結。

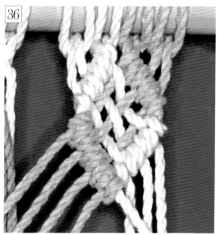

36

一個鑽石花樣完成。

37

以⑫作中心繩，依⑨→⑩→⑪的順序往右下打斜卷結。

38

⑬作中心繩，依⑯→⑮→⑭的順序往左下打斜卷結。

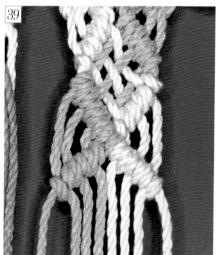

39

和27～36相同作法，製作第2個鑽石花樣。

40

第2個鑽石花樣完成。重複27～36作法，共做五個鑽石花樣。

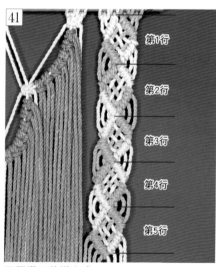

41

五個鑽石花樣完成。

第1行
第2行
第3行
第4行
第5行

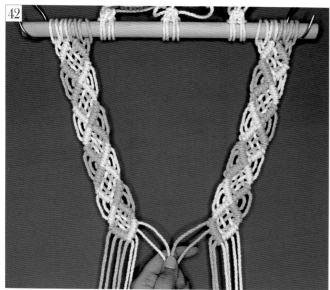

將左右兩端的鑽石花樣在正中間對合，從內側各取兩條棉繩，以4條一組打一個平結。（為了方便分辨，將中間的花樣暫移至上方）。

將平結的中心繩⑧和⑨交叉，並將⑨放在上方。

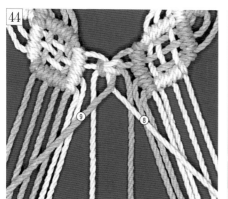

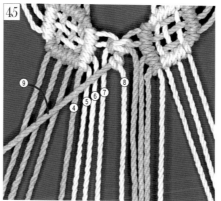

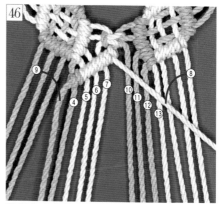

將⑨作中心繩，⑧往左下打斜卷結。

將⑨作中心繩，依⑦→⑥→⑤→④的順序往左下打斜卷結。

將⑧作中心結，依⑩→⑪→⑫→⑬的順序往右下打斜卷結。

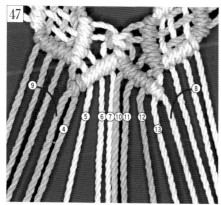

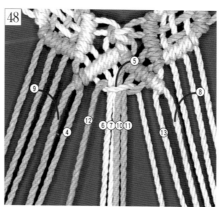

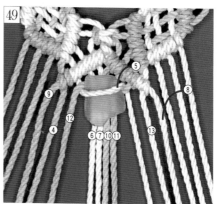

將內側的四條（⑥⑦⑩⑪）作中心繩，外側的兩條（⑤⑫）當作打結繩。打半個平結。

完成平結的半個結目的樣子。

在橫向的棉繩⑤下方，將海玻璃夾入。

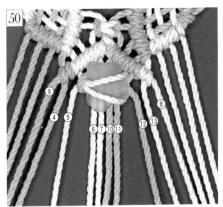

50

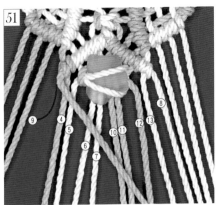

51

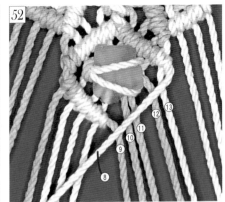

52

接著編半個平結。以平結固定海玻璃。

將⑨放在④～⑦上方回摺。將⑨作中心繩，依④→⑤→⑥→⑦的順序往右下打斜卷結。

將⑧放在⑨～⑬上方回摺。將⑧作中心繩，依⑬→⑫→⑪→⑩→⑨的順序往左下打斜卷結。

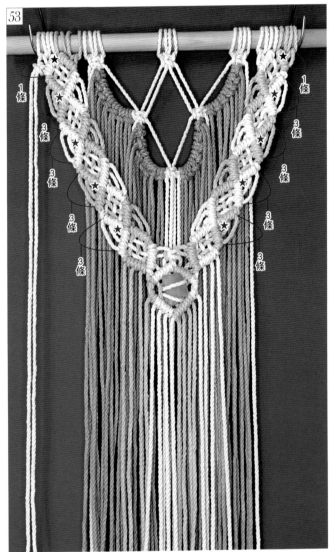

53

將暫移上方的中心花樣放回原位。將棉繩D（100cm）在鑽石花樣外側標示★的兩處各一條、標示★的八處各三條共計26條，以雀頭結（圈環在正面）綁上（P.5）。

54

如照片，將流蘇剪齊成V字型。將垂吊繩（80cm）綁在吊棒的兩端（P.9），完成。

如其名，代表「魚骨」的Fishbone
也是以平結編織的Macrame編織
技法中的一種。

make it
happen
today!

❖材料（一個份）＆道具 ❖

〈主體棉繩〉3股線（Stella Sea Fibers 公平貿易有機棉繩 3股線／粗約：3mm）

　棉繩A…300cm×24條　棉繩B…60cm×5條

　※棉繩A、棉繩B皆為相同顏色（顏色：原色）

〈垂吊繩〉（和主體棉繩相同顏色／顏色：原色）…80cm×1條

〈其他材料〉吊棒…漂流木或圓木棒（長30cm）×1條

〈道具〉基本道具（P.3）、厚紙板（寬5cm×27cm）×1條

❖作法 ❖ ※為方便理解，使用不同顏色的棉繩進行示範、說明。

棉繩A（300cm）對摺，以反雀頭結（圈環在反面）（P.5）固定在吊棒上。共計綁上24條。

第1行，從左側開始至右側，以4條一組打一個平結結目，12次（P.6）。

完成一個平結後，同P.19・3相同作法，將結目推至最上方，完成第1行。

第2行，跳過左側兩條，從旁邊開始以4條一組打一個平結，11次。

將結目推緊至和第1行之間不留空隙。完成第2行。

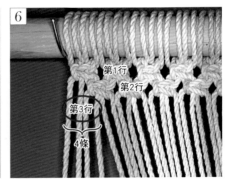

第3行和2・3相同作法，以4條一組打一個平結，12次。

第1行
第2行
第3行

完成第3行的樣子。左右兩端的棉繩，在第1行和第3行間留出少許空隙。

第1行
第2行
第3行
第4行

第4行和第2行相同，跳過左側兩條，從旁邊開始4條一組打一個平結，11次。圖為完成第4行的樣子。

第1行
第2行
第3行
第4行
第5行

約5cm

第5行和②・③相同作法，以4條一組打一個平結，共12次。圖為完成第5行的樣子。

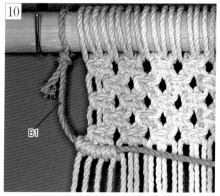

棉繩B1（60cm）在木棒左側打活結（P.6）。棉繩B1作中心繩，以第5行平結下的四條棉繩，打橫卷結（P.8）。

塞緊結目，減短橫卷結的寬度。

結目緊密的樣子。重複⑩・Ⅱ作法，以橫卷結一直打至右側。

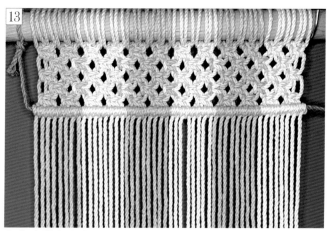

完成1行橫卷結（48個結目）的樣子。

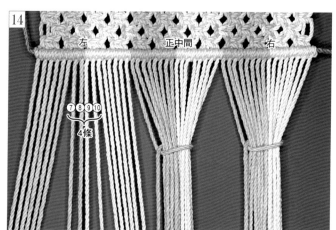

從左側開始，將棉繩16條一組，分為三組。為了預防搞混，將正中間和右側的兩組以邊端的棉繩暫時綑住。第1行從左側開始，跳過六條，取旁邊的4條一組（⑦⑧⑨⑩）打一個平結。將結目打在橫卷結正下方。

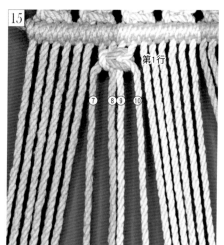

完成第1行的樣子。

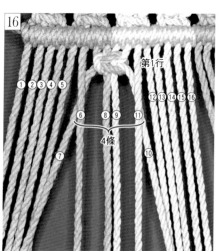

第2行則是將第1行的平結兩端（⑥和⑪）作打結繩，⑧和⑨作中心繩，4條一組打一個平結。

完成第2行的樣子。

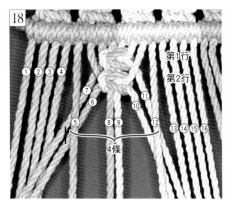

第3行則是將第2行的平結兩端（⑤和⑫）作打結繩，⑧和⑨作中心繩，4條一組打一個平結。

完成第3行的樣子。以16・17的要領，共編七行平結。

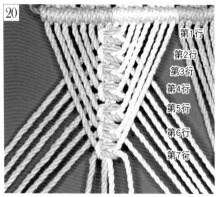

完成7行的樣子。這樣就完成第1個魚骨花樣。

正中間和右側，依14～20相同要領，編魚骨花樣。將棉繩B2（60cm）在左側的棉繩B1下端打活結。

棉繩B2作中心繩，從左至右打1行橫卷結（48個結目）。

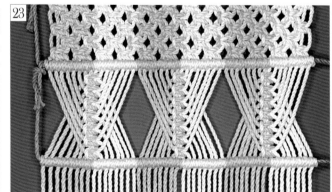

完成橫卷結的樣子。

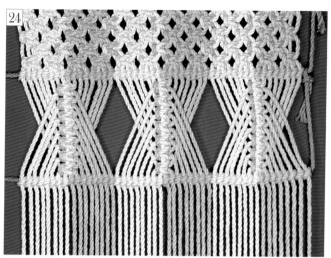

從背面方向看23的樣子。

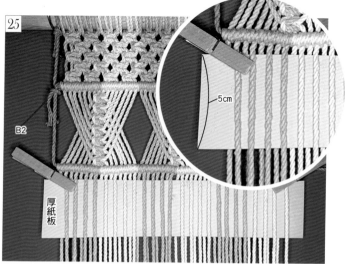

在22‧23完成的橫卷結下方的棉繩，將厚紙板（5cm×27cm）從左側開始以間隔方式穿過後，以夾子固定。

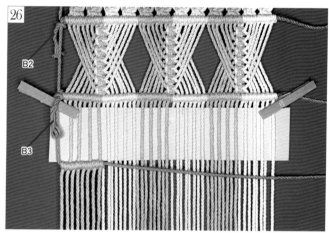

棉繩B3（60cm）在棉繩B2下方打活結。將棉繩B3作中心繩，從左側開始打1行橫卷結（48個結目）。

完成橫卷結的樣子。

取出厚紙板。

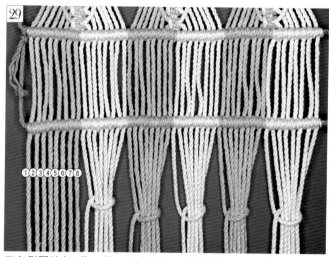

從左側開始每8條一組，分成六組。為預防搞混，從第2組～第6組分別取邊端的棉繩暫時捆住。

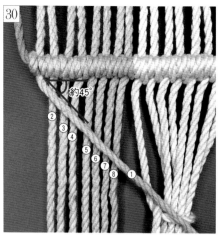

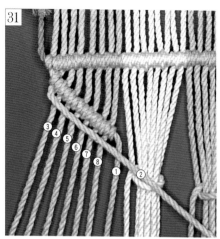

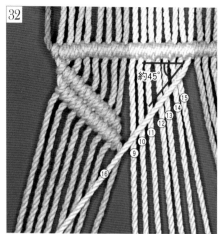

第1行，將左側的棉繩①作中心繩，依②→③→④→⑤→⑥→⑦→⑧的順序往右下打斜卷結（P.8）。

第2行，將左側的棉繩②作中心繩，依③→④→⑤→⑥→⑦→⑧→①的順序往右下打斜卷結（P.8）。

第2組的第1行，將右側的棉繩⑯作中心繩，依⑮→⑭→⑬→⑫→⑪→⑩→⑨的順序往左下打斜卷結。

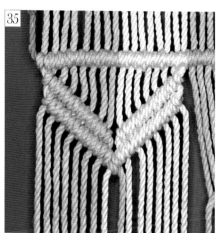

第2行，將右側的棉繩⑮作中心繩，依⑭→⑬→⑫→⑪→⑩→⑨→⑯的順序往左下打斜卷結。

在第1組的中心繩②上方，交叉放上第2組的中心繩⑮。將②作打結繩、⑮作中心繩往左下打斜卷結。

將第1組和第2組連接，做成V字形。

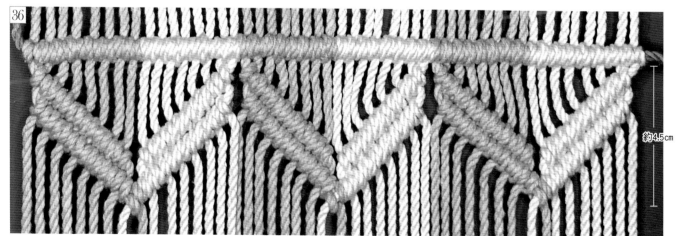

約4.5cm

重複30～35作法，第3組～第6組以相同作法編結。

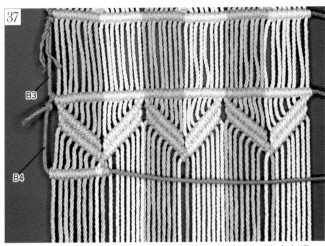

將棉繩B4（60cm）在棉繩B3的下端打活結。將棉繩B4作中心繩，從左側開始打1行橫卷結（48個結目）。

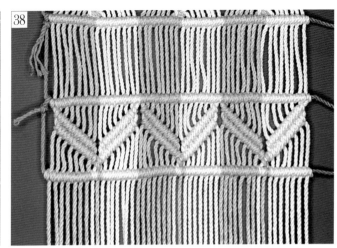

完成橫卷結的樣子。

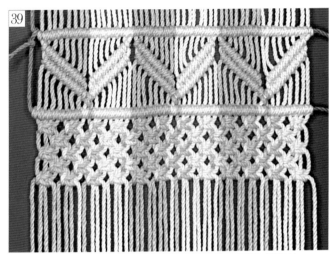

在38的橫卷結下方，以2～9相同作法，4條一組打5行平結。

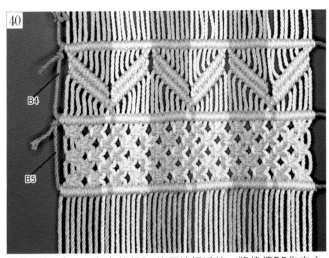

將棉繩B5（60cm）在棉繩B4的下端打活結。將棉繩B5作中心繩，和10・11相同，從左至右打1行橫卷結（48個結目）。

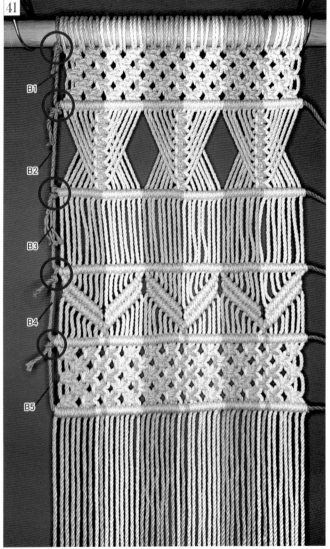

拆開棉繩B1～B5的結目。

在橫卷結兩端打單結（P.6）後，裁剪繩子。

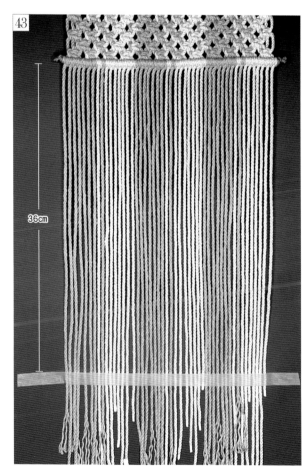

棉繩A的繩端預留36cm後裁剪繩子。在欲剪掉的位置貼上
紙膠帶後，能方便筆直裁剪。

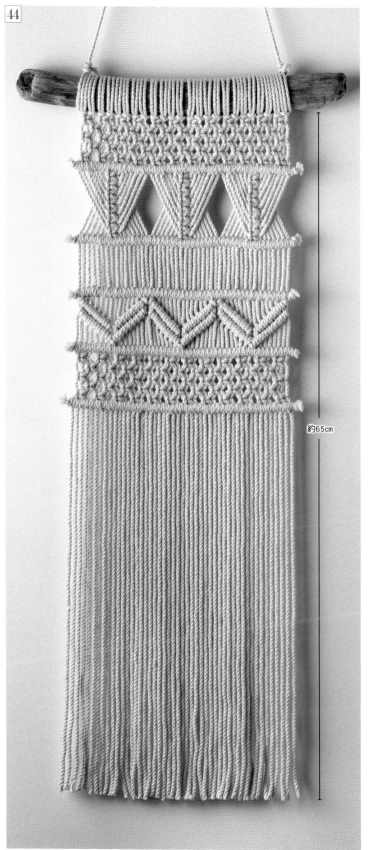

約65cm

將垂吊繩（80cm）綁在木棒兩端（P.9），完成。

6

半圓花樣掛毯

6-1

6-2

用橫卷結完成的半圓花樣掛
毯。想嘗試以流蘇來表現出秋
天的氛圍。

❖材料（一個份）＆道具❖

6-1

〈主體棉繩〉3股線（Bobbiny Macrame編織3股線／粗約：5mm）

棉繩A（顏色：原色）…150cm×5條　棉繩B（顏色：原色）…120cm×1條　棉繩C（顏色：原色）…80cm×2條

棉繩D（顏色：黃褐色）…180cm×2條　棉繩E（顏色：芥黃色）…170cm×1條　棉繩F（顏色：芥黃色）…90cm×9條

棉繩G（顏色：芥黃色）…130cm×8條

6-2

〈主體棉繩〉3股線（Bobbiny Macrame編織3股線／粗約：5mm）

棉繩A（顏色：原色）…150cm×5條　棉繩B（顏色：原色）…120cm×1條　棉繩C（顏色：原色）…80cm×2條

棉繩D（顏色：黃褐色）…180cm×2條　棉繩E（顏色：赤陶色）…170cm×1條　棉繩F（顏色：赤陶色）…90×9條

棉繩G（顏色：赤陶色）…130cm×8條

〈垂吊繩（6-1・6-2共通）〉（和主體棉繩相同／顏色：原色）…70cm×1條

〈其他材料（6-1・6-2共通）〉吊棒…漂流木或是圓木棒（長25cm）×1條

〈道具（6-1・6-2共通）〉基本道具（P.3）

❖作法❖　※為方便理解，使用不同顏色的棉繩進行示範、說明。

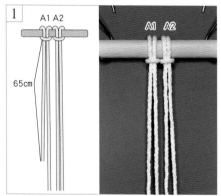

棉繩A1（150cm）如圖示對摺，A2（150cm）作對摺，打雀頭結（圈環在正面）（P.5）在原木棒。

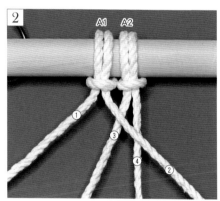

從左側第2條棉繩②作中心繩，以棉繩③打橫卷結（P.8）。

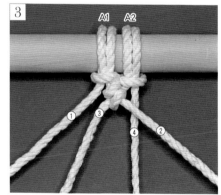

棉繩③完成橫卷結的樣子。

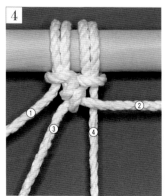

棉繩②作中心繩，以棉繩④打橫卷結（P.8）。

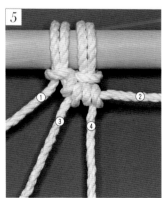

棉繩④完成橫卷結的樣子。

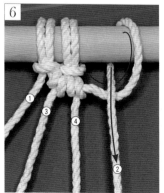

將棉繩②由前往後繞，穿過棉繩②的上方後拉緊。

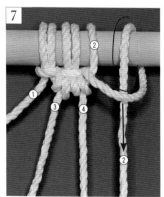

接著，將棉繩②由後往前繞，穿過棉繩②的下方後拉緊。

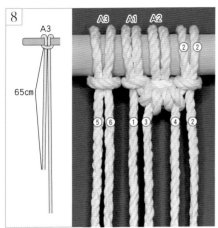

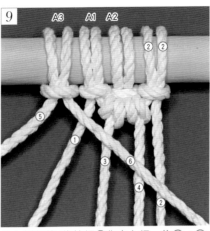

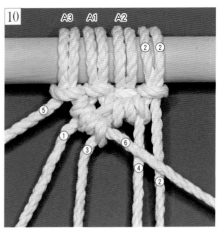

將棉繩A3（150cm）如圖示對摺，作雀頭結（圈環在正面）綁在左側。

從左側起第2條棉繩⑥作中心繩，依①→③的順序打橫卷結。

①和③完成橫卷結的樣子。

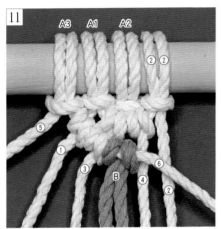

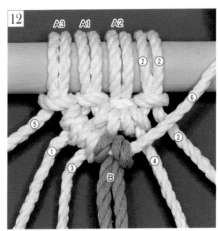

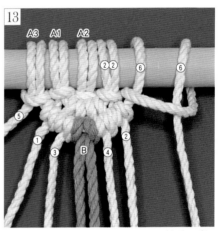

將棉繩B（120cm）以反雀頭結（圈環在反面）綁在棉繩⑥上。

將棉繩⑥作中心繩，依④→②的順序打橫卷結。

棉繩⑥以⑥・⑦相同作法穿過吊棒後，拉緊。

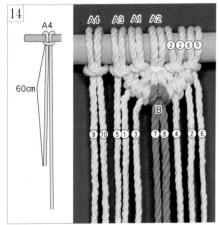

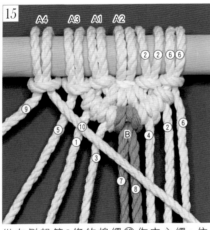

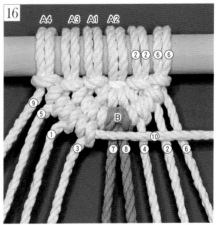

如圖示，將棉繩A4（150cm）對摺，作雀頭結（圈環在正面）綁在左側。

從左側起第2條的棉繩⑩作中心繩，依⑤→①→③的順序打橫卷結。

以棉繩B作中心點，像是畫出半圓，將棉繩⑩作中心線，依⑦→⑧→④→②→⑥的順序打橫卷結。將棉繩⑩以⑥・⑦相同作法穿過吊棒後，拉緊。

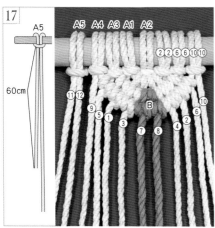

17

60cm

A5

A5 A4 A3 A1 A2

②②⑥⑥⑩⑩

⑪⑫
⑨
⑤①
③
⑦⑧
B
④
⑥
⑩

如圖示，將棉繩A5（150cm）對摺，作雀頭結（圈環在正面）綁在左側。

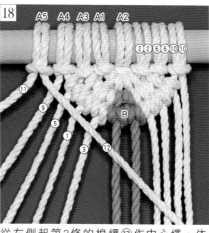

18

A5 A4 A3 A1 A2

②②⑥⑥⑩⑩

⑪
⑨
⑤
①
B
⑫

從左側起第2條的棉繩⑫作中心繩，依⑨→⑤→①→③的順序打橫卷結。

19

A5 A4 A3 A1 A2

②②⑥⑥⑩⑩

⑪
⑨
⑤
①
③
B
⑫

⑨⑤①③完成橫卷結的樣子。

20

A5 A4 A3 A1 A2

②②⑥⑥⑩⑩

⑪
⑨
⑤
①
③
B
⑫
C1
⑦⑧

將棉繩C1（80cm）以反雀頭結（圈環在反面）綁在棉繩⑫上。

21

A5 A4 A3 A1 A2

②②⑥⑥⑩⑩

⑪
⑨
⑤
①
B
C1
⑦
⑧
⑫

將棉繩⑫作中心線，依⑦→⑧的順序打橫卷結。

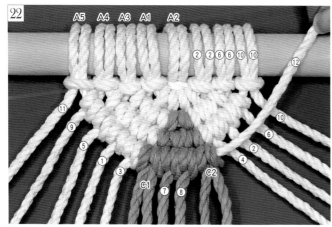

22

A5 A4 A3 A1 A2

②②⑥⑥⑩⑩

⑪
⑨
⑤
①
③
⑫
⑩
⑥
②
④
C2
C1
⑦⑧

將棉繩C2（80cm）以反雀頭結（圈環在反面）綁在棉繩⑫上。將棉繩⑫作中心線，依④→②→⑥→⑩的順序打橫卷結。將棉繩⑫和⑥・⑦相同作法穿過吊棒後，拉緊。

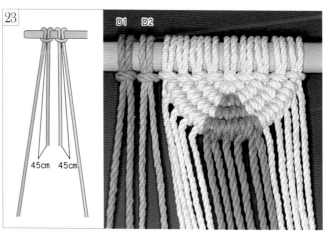

23

45cm 45cm

D1 D2

完成半圓花樣。將棉繩D1、D2（各180cm）對摺後，在半圓花樣的左側，如圖示以雀頭結（圈環在正面）綁在原木棒上。

24

25

26

將中間較短的兩條繩作中心線，作螺旋結（P.7）。

作32個螺旋結結目。

螺旋結打至結束的右端棉繩，和6·7相同作法，穿過吊棒後拉緊。

27

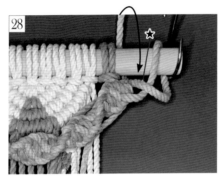

28

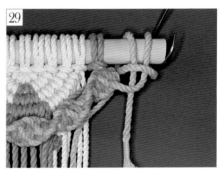

29

將螺旋結收尾處的左側棉繩，從吊棒前面往後繞。再繞回前面穿過吊棒的空隙（★）。

棉繩繞回吊棒前面，再一次穿過吊棒空隙（★）。

棉繩穿過了吊棒空隙（★）的樣子。

30

31

4條

32

拉緊棉繩。將整體翻轉至背面。

以左側的4條作一個平結（P.6）。

完成平結的樣子。

33

34

盡量剪掉多餘的平結繩端，翻回正面。

完成螺旋結的半圓花樣。

在螺旋結的左側，如圖示將棉繩E（170cm）對摺，作雀頭結（圈環在正面）綁於吊棒上。

將棉繩E的右側（②）繩子沿著螺旋結的半圓，穿過到吊棒的右側，和6・7以相同作法，穿過吊棒後，拉緊。

9條棉繩F（90cm）和8條棉繩G（130cm）皆對摺，依圖示順序以反雀頭結（圈環在反面）交錯綁在棉繩E中②的圓弧部分。

將左側包含E的棉繩4條一組，打平結3個結目的球型結（P.7）。

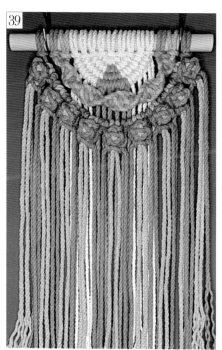

至右側為止，以4條一組，打平結3個結目的球型結，共計九個。

將繩端剪齊，以手指撥弄鬆開棉繩的尾端（P.13・13）。
最後將垂吊繩（70cm）綁在吊棒的兩端（P.9），完成。

7

花編結鑽石花圈

將棉繩綁在金屬環上製作人氣的
編織花圈。乍看之下非常困難的
作品，實際上只要重複編織相同
花樣就能完成。就算Macrame編織
的新手也能試著挑戰。

7-2

7-1

❖材料（一個份）＆道具❖

7-1
〈主體棉繩〉3股線（Bobbiny Macrame編織3股線／粗約：3mm）
棉繩A（顏色：迷霧藍）…80cm×22條　棉繩B（顏色：原色）…40cm×11條

7-2
〈主體棉繩〉3股線（Bobbiny Macrame編織3股線／粗約：3mm）
棉繩A（顏色：黃褐色）…80cm×22條　棉繩B（顏色：原色）…40cm×11條

〈其他材料（7-1・7-2 共通）〉金屬環（直徑8cm）×1個
〈道具（7-1・7-2 共通）〉基本道具（P.3）

❖作法❖ ※為方便理解，使用不同顏色的棉繩進行示範、說明。

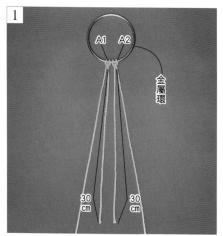

1
如圖示，將棉繩A1、A2（2條藍色・各80cm）對摺，以反雀頭結（圈環在反面）（P.5）綁在金屬環上。

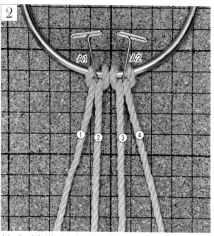

2
放在編織板上後以Ｔ字固定針固定（P.5）。與金屬環之間預留可以穿過一條棉繩的空隙，以4條一組打三個平結。

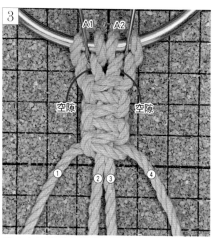

3
將中心繩②③穿過空隙做成圓型，打平結3個結目的球型結（P.7）。

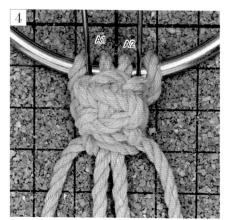

4
平結3個結目的球型結完成。

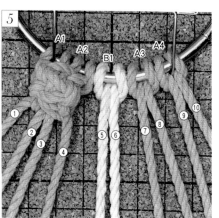

5
在A1、A2的右側，將棉繩B1（白色40cm）對摺，棉繩A3、A4（2條藍色・各80cm）和①相同作法，對摺後綁在金屬環上。

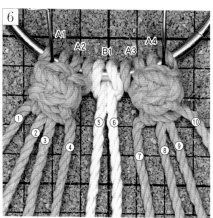

6
和②～④相同作法，以A3、A4打平結3個結目的球型結。

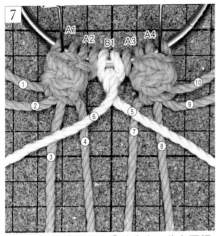

將棉繩B1的⑥交叉在⑤的**上方**，往左下打斜捲結（P.8）。

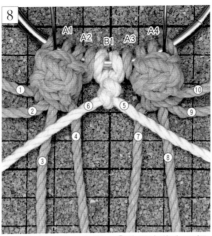

將⑥作中心繩，依④→③的順序往左下打斜捲結。

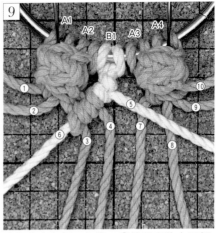

將⑤作中心繩，依⑦→⑧的順序往右下打斜捲結。

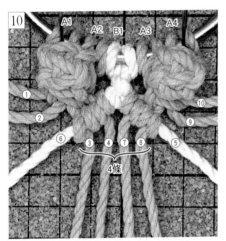

正中間的4條（③④⑦⑧）打一個平結。

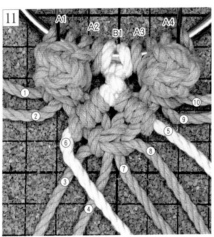

將⑥回摺，將⑥作中心繩，依③→④的順序往右下打斜捲結。

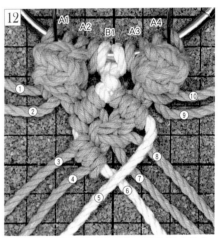

將⑤作中心繩，依⑧→⑦→⑥的順序往左下打斜捲結。

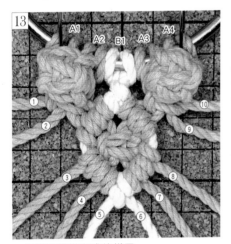

一個鑽石花樣完成的樣子。

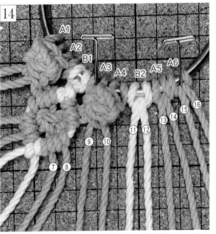

在A3、A4的右側，將棉繩B2（白色40cm）對摺，棉繩A5、A6（2條藍色·各80cm）和①相同作法，對摺後綁在金屬環上。

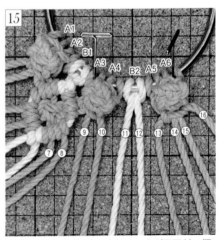

和②～④相同作法，以A5、A6打平結3個結目的球型結。

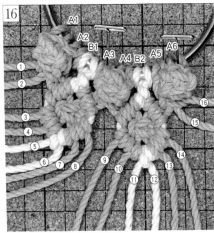

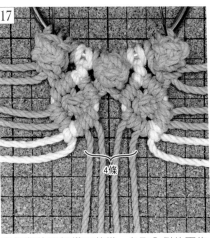

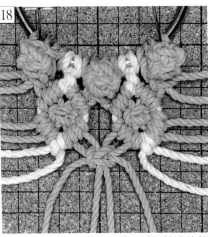

和⑦~⑬相同作法,製作第2個鑽石花樣。

從相鄰的兩個鑽石花樣,各取內側的兩條棉繩,以4條一組打一個平結。

將第1個和第2個鑽石花樣,以平結連結起來。

接著,和⑭~⑱相同作法,共編10個鑽石花樣。

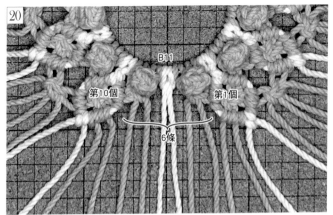

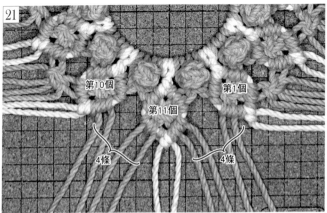

在第1個和第10個鑽石花樣之間，綁上對摺的棉繩B11（白色40cm）。和7～13相同作法，以B11為中心的6條棉繩，製作第11個鑽石花樣。

由第11個和左右相鄰的鑽石花樣中，各取兩條棉繩，4條一組各打一個平結，2次。

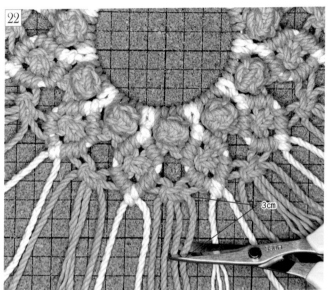

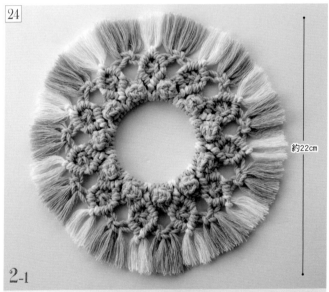

將繩端留約3cm後，修剪出圓弧。

2-1

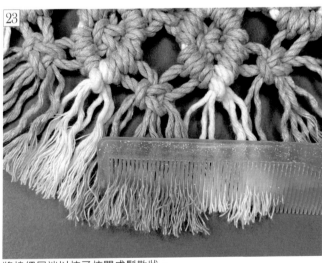

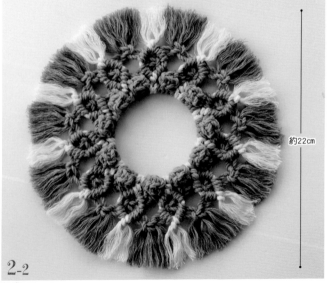

將棉繩尾端以梳子梳開成鬆散狀。

完成。

2-2

8-1 ▶ p.52

8-2 ▶ p.52

8-3 ▶ p.52

8-4 ▶ p.52

8-5 ▶ p.52

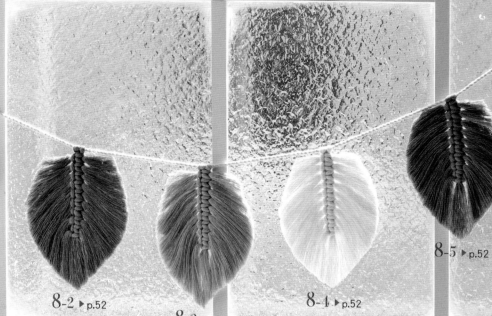

將鳥羽毛形狀當作裝飾的掛旗。
不管是統一單色，還是每片都選
不同顏色製作都十分具有存在感
及趣味。

8

〈**主體棉繩**〉單股線（Bobbiny Macrame編織單股線／粗約：3mm）

　　棉繩A…40cm ×1條　棉繩B…15cm×16條　棉繩C…20cm×2條

　　※棉繩A、棉繩B、棉繩C皆為相同顏色（顏色：8-1…芥末黃、8-2…黃褐色、8-3…迷霧藍、8-4…原色、8-5…腮紅粉）

〈**垂吊繩**〉3股繩（Bobbiny Macrame編織3股線／粗約：3mm／顏色：原色）…120cm×1條

〈**道具**〉基本道具（P.3）

❖**作法**❖ ※為方便理解，使用不同顏色的棉繩進行示範、說明。

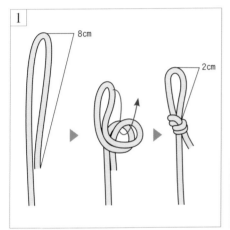

垂吊繩（120cm）從距繩端8cm處回摺，作出圈狀後打單結（P.6）。另一繩端也是相同作法。

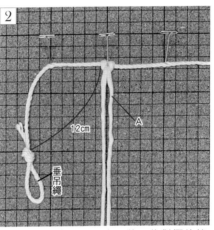

從距離 1 的結目12cm處，將一條對摺的棉繩A（40cm）以反雀頭結（圈環在反面）（P.5）綁上。將垂吊繩和棉繩A以T字固定針固定。

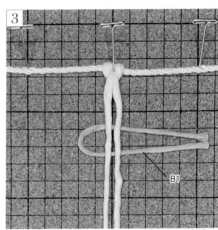

第1行開始，將一條棉繩B1（15cm）對摺作一圈環，放在棉繩A的下方。

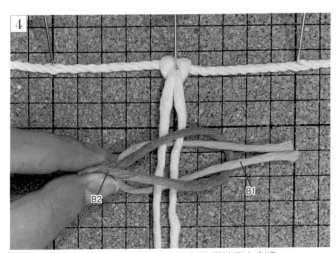

將棉繩B2（15cm）對摺作一圈環，從B1的兩端下方穿過。

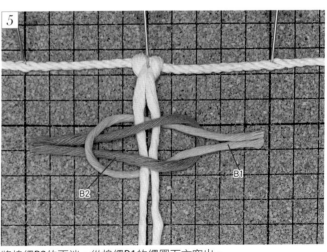

將棉繩B2的兩端，從棉繩B1的繩圈下方穿出。

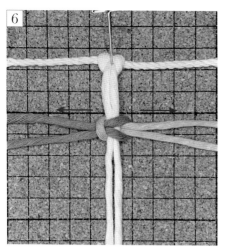

將棉繩B2和B1分別往左右方向拉緊。

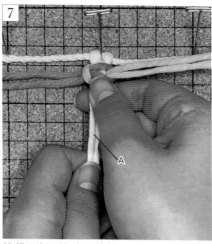

棉繩A往下拉時,將棉繩B的結目往上推緊。

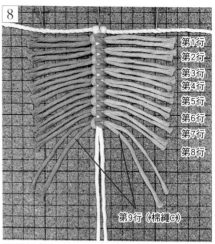

第1行
第2行
第3行
第4行
第5行
第6行
第7行
第8行

第9行(棉繩C)

將剩餘的棉繩B(15cm)重複 ③～⑦ 相同作法,編織共8行。最後,兩條棉繩C(20cm)和棉繩B相同作法編織。

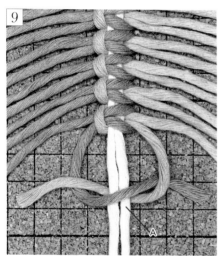

將第9行棉繩C下端右側的一條棉繩,從棉繩A的下方往上繞,下端左側的一條棉繩則是從棉繩A的上方往下繞後拉緊打結。

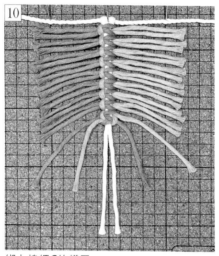

綁上棉繩C的樣子。

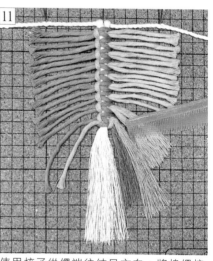

使用梳子從繩端往結目方向,將棉繩梳開。

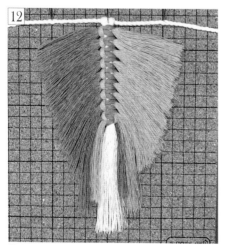

棉繩梳開後的樣子。

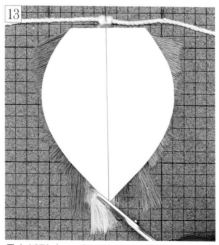

疊上紙型(P.54),沿著輪廓修剪棉繩。

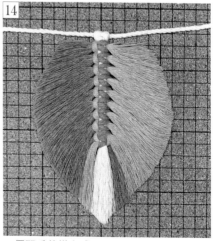

一個羽毛花樣完成。

15

製作共五個羽毛。由於羽毛可以左右移動，可調整適當間隔作為裝飾。

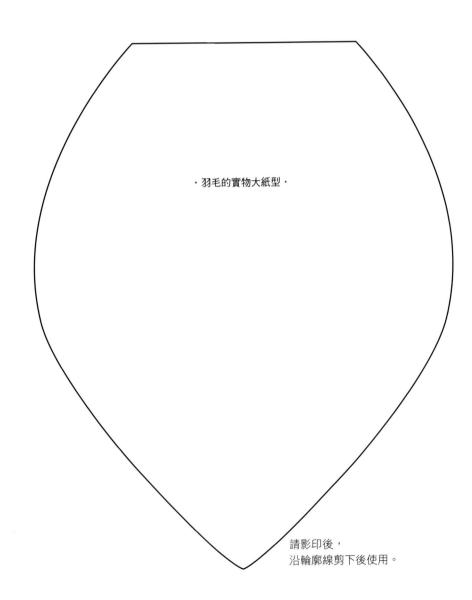

·羽毛的實物大紙型·

請影印後，
沿輪廓線剪下後使用。

花編結植物吊籃

以平結和收繩結作出一筒狀，放入
花瓶作成裝飾。光是在房間放上一
點花朵和綠色植物，就能使心情變
得沉穩下來。

❖ 材料（一個份）＆道具 ❖

〈主體棉繩〉棉繩A、B為3股線（Stella Sea Fibers 公平貿易有機棉繩3股線）、棉繩C為單股線（Bobbiny Marcame編織單股線）

棉繩A（顏色：原色／粗約：3mm）…200cm×12條　棉繩B（顏色：原色／粗約：4mm）…8cm×6條

棉繩C（顏色：黃褐色／粗約：3mm）…50cm×1條

〈垂吊繩〉和棉繩A相同…70cm×1條

〈其他材料〉棍子…漂流木或圓木棒（長25cm）×1根

〈道具〉基本道具（P.3）、厚紙板（寬6cm×16cm）×1張

❖ 作法 ❖　※為方便理解，使用不同顏色的棉繩進行示範、說明。

1

將棉繩A（200cm）對半摺後，打反雀頭結（圈環在反面）（P.5）在原木棒上綁上12條。

2

左右各分12條為一組，為了預防搞混，將右側一組，以邊端的棉繩暫時捆住。

3

左側的棉繩①作中心繩，依②→③→④→⑤→⑥→⑦→⑧→⑨→⑩→⑪→的順序往右下打斜卷結（P.8）。

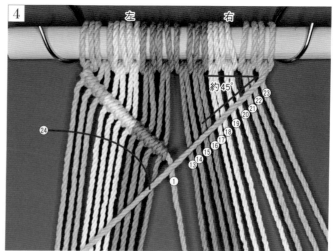

4

換右側的棉繩打結。右側的棉繩㉔作中心繩。依㉓→㉒→㉑→⑳→⑲→⑱→⑰→⑯→⑮→⑭→⑬→①的順序往左下打斜卷結（P.8）。

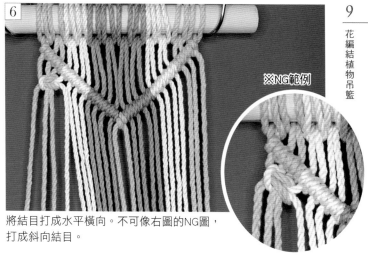

※NG範例

5

①②③④
4條

以斜卷結完成的V字花樣。在斜卷結下方，打1行平結（P.6）。
首先。將左側的4條一組（①②③④）打一個平結。

6

將結目打成水平橫向。不可像右圖的NG圖，
打成斜向結目。

7

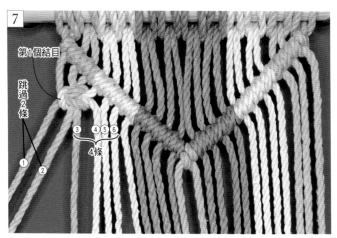

第1個結目

跳過2條

③④⑤⑥
4條
①②

跳過第1個平結結目的左側兩條（①②），將相鄰的4條一組
（③④⑤⑥）打一個平結。

8

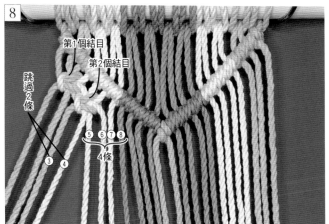

第1個結目
第2個結目

跳過2條

⑤⑥⑦⑧
4條
③④

跳過第2個平結結目的左側兩條（③④），將相鄰的4條一組（⑤
⑥⑦⑧）打一個平結。

9

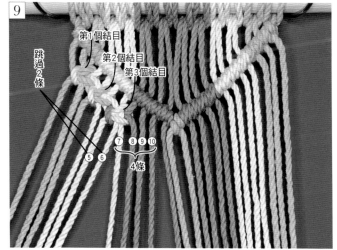

第1個結目
第2個結目
第3個結目

跳過2條

⑦⑧⑨⑩
4條
⑤⑥

跳過第3個平結結目的左側兩條（⑤⑥），將相鄰的4條一組（⑦
⑧⑨⑩）打一個平結。

10

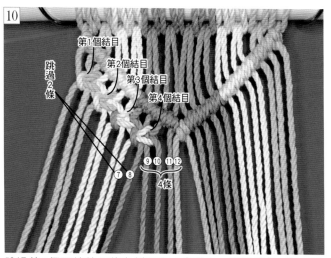

第1個結目
第2個結目
第3個結目
第4個結目

跳過2條

⑨⑩⑪⑫
4條
⑦⑧

跳過第4個平結結目的左側兩條（⑦⑧），將相鄰的4條一組
（⑨⑩⑪⑫）打一個平結。

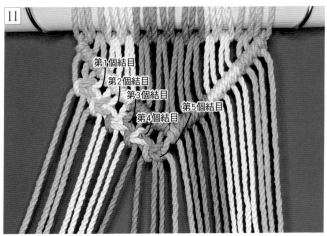

11

第1個結目
第2個結目
第3個結目
第4個結目
第5個結目

從左側開始打5個平結。右側依⑤～⑩相同要領，從右側開始打5個平結。

12

4條

右側也完成五個平結的樣子。取正中間的4條打一個平結。

13

第1行

第1行平結完成。

14

和③～⑤相同作法，在平結下方以斜卷製作V字花樣。

15

①
④
②③

在斜卷結下方接上流蘇。從棉繩A左側開始的第2條和第3條（②③）的上方，與棉繩B（8cm）的中心重疊。

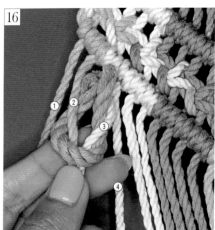

16

①②
③
④

如圖示，將棉繩B的兩端，由②和③之間穿出。

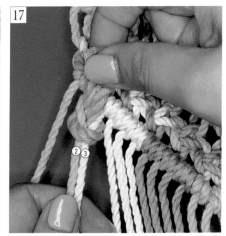

17

②③

一邊按壓②③，同時將棉繩B的兩端往上拉緊。

58

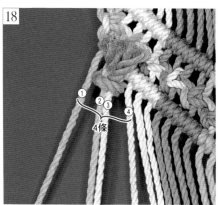

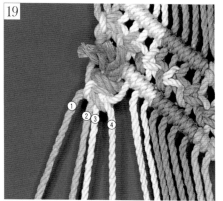

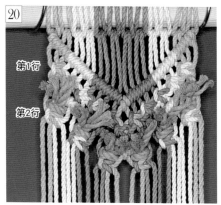

第2行。從左側開始以4條一組打一個平結。

配合⑭已完成的斜卷結的角度，將平結也打成斜向，並塞緊結目以便固定流蘇。

重複⑮～⑲至右側為止，將棉繩B以打結邊接上，共6次。完成第2行的平結。

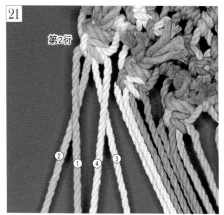

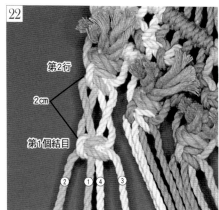

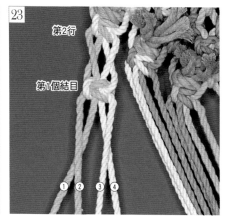

在第2行的平結下方，將左側的①和④由上方和②和③交叉。②和③做打結繩，①和④作中心繩，距第2行下方約2cm的位置打一個平結。

完成一個平結的樣子。

和㉑・㉒相同，將中心繩和打結繩交換，每距2cm間隔打一個平結，共四個結目。

※一邊交換中心繩和打結繩、一邊打結的技法稱作「Swing」。

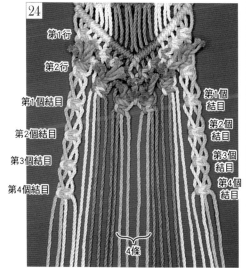

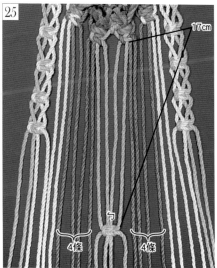

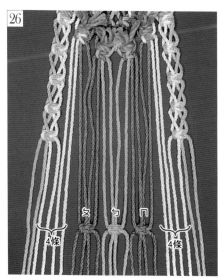

右側和㉑・㉒相同作法，將右側的四條以Swing技法打平結，共4個結目。再將正中間的4條距第2行下方約17cm的位置打一個平結。

與正中間的平結（ㄅ）兩側相鄰的棉繩，以4條一組打2個平結，高度和平結（ㄅ）對齊。

與㉕已完成平結（ㄆ・ㄇ）的高度對齊，相鄰的棉繩以4條一組打2個平結。

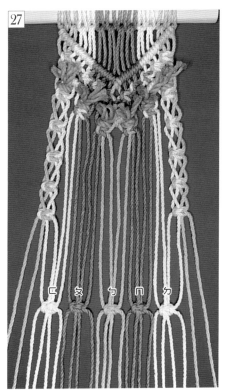

27

完成平結（ㄅ～ㄉ）的樣子。

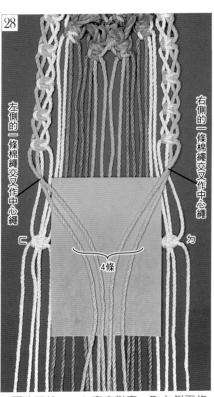

28

左側的一條棉繩交叉作中心繩

右側的一條棉繩交叉作中心繩

ㄈ ㄉ

4條

與27的平結ㄈ・ㄉ高度對齊，取左側兩條
和右側兩條，以4條一組打一個平結。

※在28・29中，為了方便看清楚打結繩，在棉繩
　下方墊入紙張。

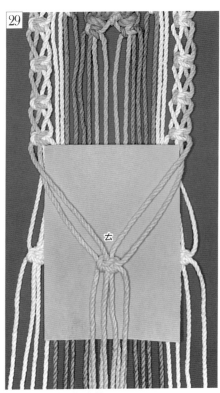

29

ㄊ

完成平結（ㄊ）的樣子。

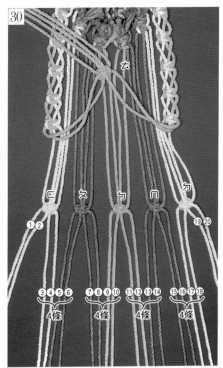

30

ㄊ

ㄈ ㄆ ㄅ ㄇ ㄉ

①② ⑲⑳

③④⑤⑥ ⑦⑧⑨⑩ ⑪⑫⑬⑭ ⑮⑯⑰⑱
4條　4條　4條　4條

將平結（ㄊ）的棉繩往上移避免影響操
作。跳過左右兩端各兩條棉繩（①②和⑲
⑳），以4條一組打平結。

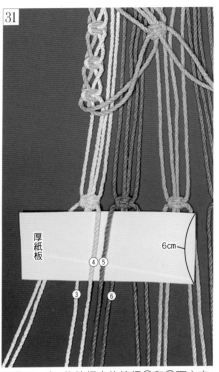

31

厚
紙
板

④⑤

6cm

③ ⑥

如圖示，在4條棉繩中的棉繩④和⑤下方夾
入厚紙板（6cm×16cm）後打一個平結。

※夾入厚紙板，方便對齊結目的高度。

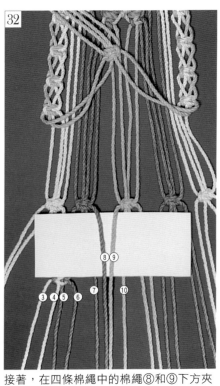

32

⑧⑨

③④⑤ ⑥ ⑦ ⑩

接著，在四條棉繩中的棉繩⑧和⑨下方夾
入厚紙板後打一個平結。

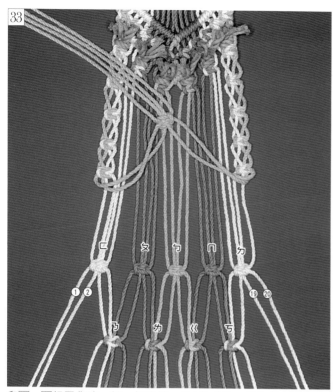

和31・32相同作法，打一個平結，共4次（ㄋ～ㄎ）後，取出厚紙板。

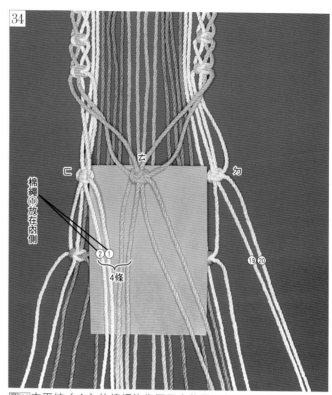

圖30中平結（ㄊ）的棉繩恢復至原本位置。如圖示，取左側的兩條（②①）和平結（ㄊ）的左側的兩條共4條一組。

※34～38中，為了方便看清楚打結繩，在棉繩下方墊入紙張。

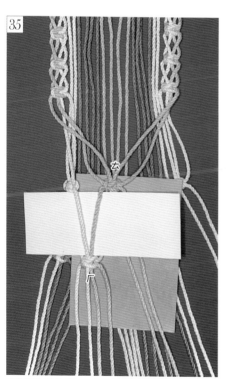

和31相同作法，在4條棉繩內側的2條下方，夾入厚紙板後打一個平結（ㄏ）。

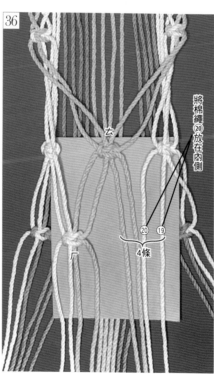

如圖示，取右側的兩條（⑳⑲）和平結（ㄊ）右側的兩條，以4條一組打一個平結。

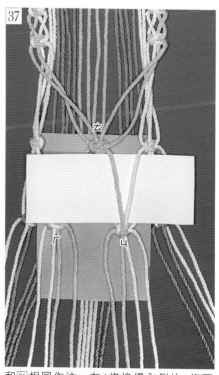

和31相同作法，在4條棉繩內側的2條下方，夾入厚紙板後打一個平結（ㄐ）。

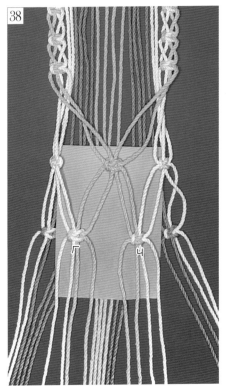

取出厚紙板。

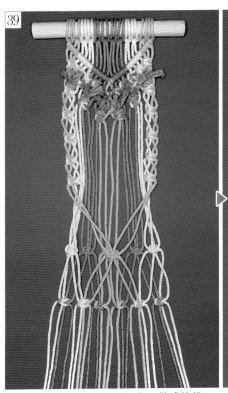

將下端的棉繩全部整理在一起，做成筒狀。

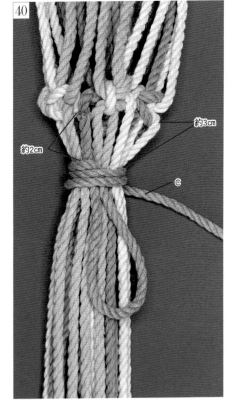

在平結下方約3cm處，以棉繩C（50cm）打收繩結（P.9）。

收尾時，將繩端確實拉緊。儘量將多餘繩端修剪至美觀。

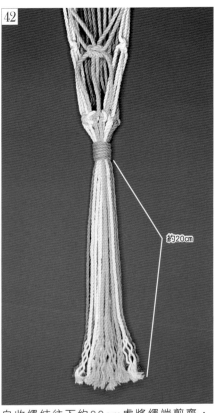

自收繩結往下約20cm處將繩端剪齊，以手指撥弄鬆開繩的尾端並作出流蘇。（P.13・13）。

將棉繩B的兩繩端留下約5mm後，修剪整齊。

以手指弄鬆棉繩B的繩尾端。

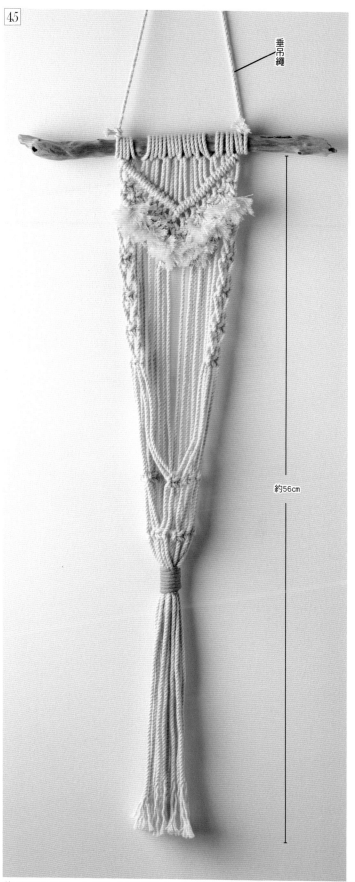

垂吊繩

約56cm

將垂吊繩（70cm）綁在木棍兩端（P.9）後，完成。

空氣鳳梨吊掛架

10-1

10-2

善加利用螺旋結和收繩結，
將木環連結在漂流木上，製
作成空氣鳳梨吊掛架。

❖材料（一個份）＆道具❖

10-1

〈主體棉繩（**10-1・10-2 共通**）〉3股線（Bobbiny Macrame編織3股線／粗約：3mm）

　棉繩A…220cm×1條　棉繩B…380cm×1條　棉繩C…60cm×2條

　※棉繩A、棉繩B、棉繩C皆為相同顏色（顏色：原色）

〈其他材料（**10-1・10-2 共通**）〉吊棒…漂流木或圓木棒（**10-1** 長度25cm，**10-2** 長度35cm）×1條、小木環（直徑約：34mm）1個、大木環（直徑約：56mm）1個

〈道具（**10-1・10-2 共通**）〉基本道具（P.3）

❖作法❖　※為方便理解，使用不同顏色的棉繩進行示範、說明。

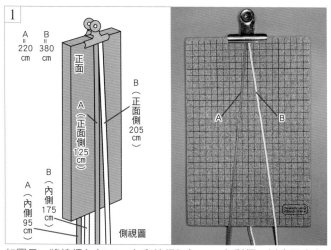

1 如圖示，將棉繩A（220cm）和棉繩B（380cm）對摺，以夾子夾在軟木板上（請注意木板正面和背面的棉繩長度不同）。

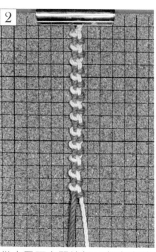

2 從夾子下方開始打12個左右結（P.9）。

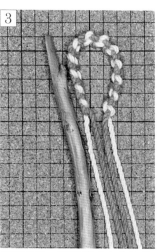

3 拆掉夾子，將已完成左右結的部份繞成圈狀，與漂流木對齊。

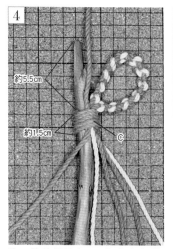

4 取一條棉繩C（60cm）與左右結下端和漂流木對齊，打收繩結（P.9）綁上。

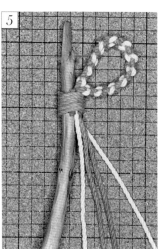

5 以剪刀修剪棉繩C的多餘繩端。

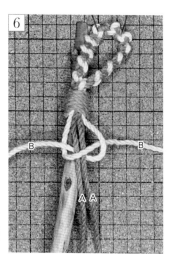

6 將棉繩A作中心繩，棉繩B作打結繩，打15個螺旋結（P.7）。

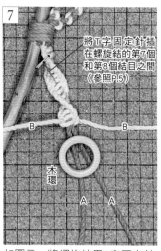

7 如圖示，將螺旋結用T字固定針固定，將小木環（直徑約34cm）放在棉繩A的上面。

8

將小木環當作中心繩，棉繩A的左側往右側打橫卷結（P.8）。

9

完成橫卷結半個結目的樣子。將木環位置調整至橫卷結底部。

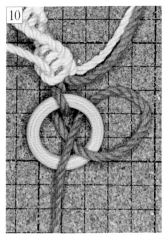

10

接著，再打半個結目。

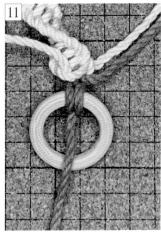

11

一個結目完成的樣子。

12

棉繩A的右側和⑧〜⑪相同方式，往右側打橫卷結。

13

棉繩A從木環下方穿出。接上一個小木環。

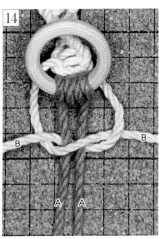

14

將小木環立起，棉繩A作中心繩，棉繩B作打結繩，打23個螺旋結。

15

完成一個螺旋結時，將結目往上推緊後繼續打結。

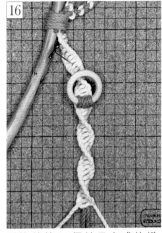

16

螺旋結第23個結目完成的樣子。

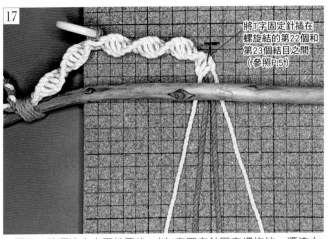

17

將T字固定針插在螺旋結的第22個和第23個結目之間（參照P.5）

如圖示，將漂流木水平放置後，以T字固定針固定螺旋結。漂流木作中心繩，從左側往右依序打橫卷結。

18

橫卷結完成的樣子。

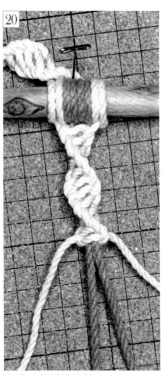

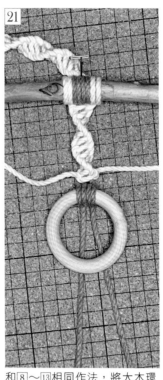

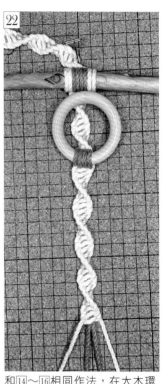

將棉繩A作中心繩，棉繩B作結繩，打12個螺旋結。

完成12個螺旋結結目。

和⑧～⑬相同作法，將大木環（直徑56mm）作中心繩，棉繩A打橫卷結。

和⑭～⑯相同作法，在大木環下方打28個螺旋結。

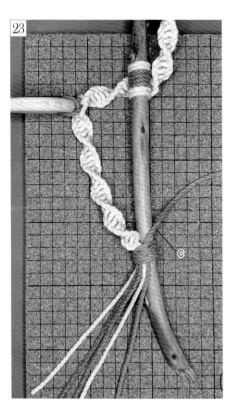

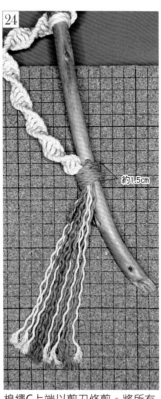

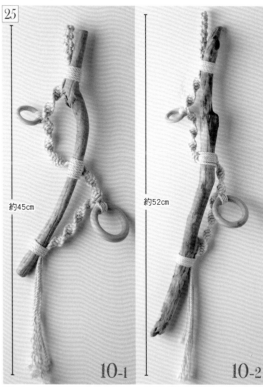

取一條棉繩C（60cm）對齊螺旋結下端和漂流木，打收繩結（P.9）綁上。

棉繩C上端以剪刀修剪。將所有棉繩的尾端剪齊，以手指撥弄鬆開。

完成。請根據漂流木的長度，調整收繩結的位置後進行製作吧。

11

杯墊

以平結編織就能完成的杯墊。
不僅可以拿來當作杯墊使用，
也可以當放在花瓶等物品下當
墊子使用。

11-1

11-2

11-3

❖材料（一個份）＆道具❖

11-1

〈主體棉繩〉單股線（Bobbiny Macrame編織單股線／粗約：3mm）

　棉繩A…60cm×2條　　棉繩B…80cm×4條　　棉繩C…80cm×4條　　棉繩D…10cm×20條

　※棉繩A、棉繩B使用相同顏色（顏色：深灰綠）。棉繩C、棉繩D為相同顏色（顏色：原色）

11-2

〈主體棉繩〉單股線（Bobbiny Macrame編織單股線／粗約：3mm）

　棉繩A…60cm×2條　　棉繩B…80cm×4條　　棉繩C…80cm×4條　　棉繩D…10cm×20條

　※棉繩A、棉繩B使用相同顏色（顏色：黃褐色）。棉繩C、棉繩D為相同顏色（顏色：原色）

11-3

〈主體棉繩〉單股線（Bobbiny Macrame編織單股線／粗約：3mm）

棉繩A（黃褐色）…60cm×2條　　棉繩B（黃褐色）…80cm×4條　　棉繩C（原色）…80cm×4條

〈道具（11-1・11-2・11-3共通）〉基本道具（P.3）

❖作法❖ ※為方便理解，使用不同顏色的棉繩進行示範、說明。

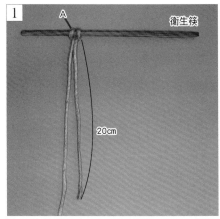

取一條棉繩A（60cm），繩端留20cm後對摺，打反雀頭節（圈環在反面）綁在衛生筷上。

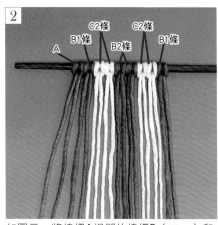

如圖示，將棉繩A相鄰的棉繩B（80cm）和棉繩C（80cm）對摺後綁上。

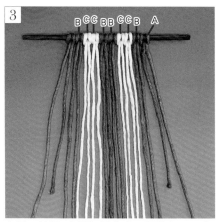

右側，棉繩A和①相同作法，繩端留20cm後對摺，綁上。

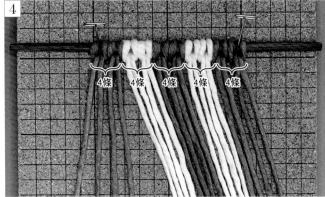

將③放在編織專用板上，兩端以T字固定針（P.5）。第1行為從左側開始以4條為一組打5個平結（P.6）。

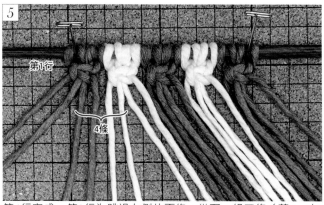

第1行完成。第2行為跳過左側的兩條，從下一組四條（藍2・白2）打一個平結。

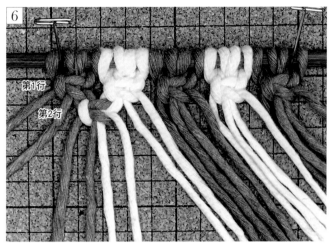

完成一個結目的樣子。剩下的部分中，將棉繩4條一組打4次平結。右側的2條不打結。

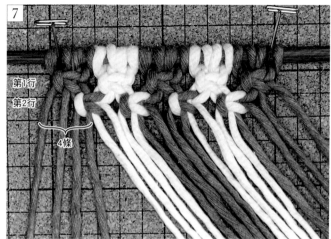

第2行完成的樣子。第3行和4・5相同作法，從左側開始4條為一組打5次平結。

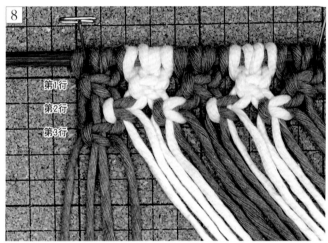

完成第3行一個結目的樣子。側邊棉繩的第1行和第3行之間，留少許空間。

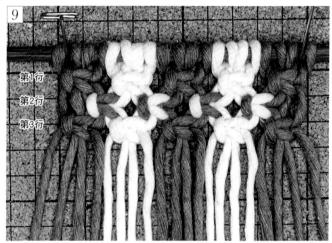

第3行完成的樣子。以4～9相同技巧編織共11行。

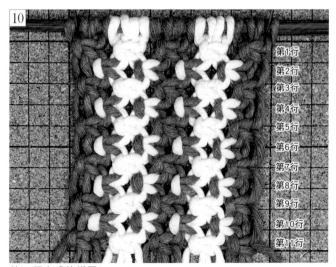

共11行完成的樣子。

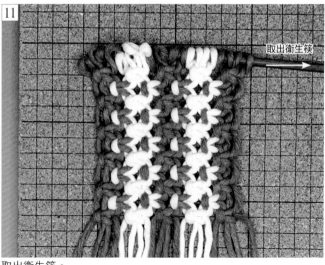

取出衛生筷。

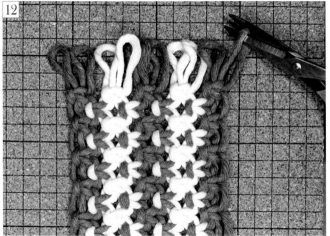

將圈環部分以剪刀剪開。

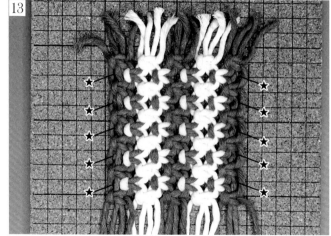

圈環剪開後的樣子。將棉繩D（10㎝）經由左右兩端平結旁的空隙（★）穿過。

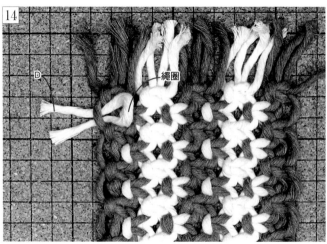

棉繩D對摺後，將繩圈穿入。

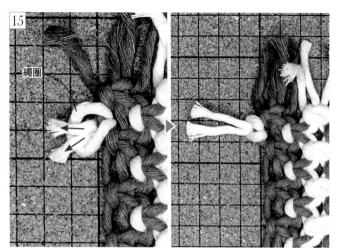

將繩圈橫倒，棉繩兩端從繩圈的下方往上穿出後拉緊。

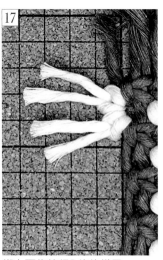

再取一條棉繩D，穿過同一空隙，和14・15相同作法綁上。

綁上兩條棉繩D後的樣子。

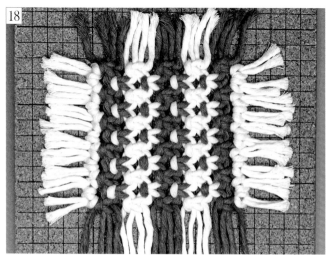

以相同作法，將剩下的空隙也分別各穿過兩條棉繩D。

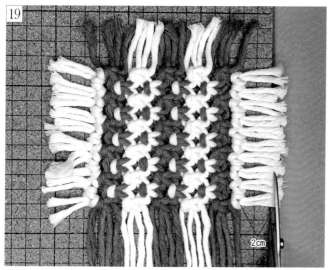

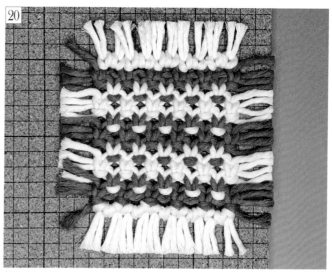

從棉繩結目開始，留2cm後剪齊繩端。建議將繩端對齊編織專用板，就可以直線剪齊。

整個杯墊繞一圈，將繩端剪成相同長度。

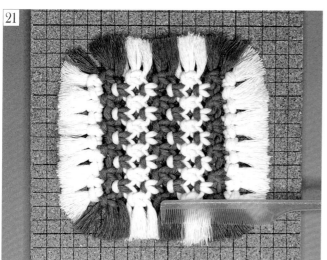

以梳子梳開繩端。

再次修剪繩尾端，轉角修整出圓弧狀。

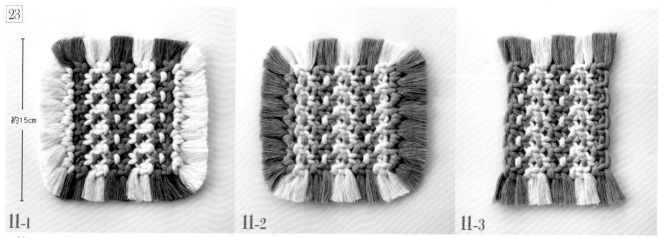

圖11-3 和 1～13 相同編法，但是不加上棉繩D。

以相同間隔，重複編織平結成Ｖ
字形圖案，做出帶有蕾絲感的裝
飾桌巾。從中心開始各編出一半
後，再組合起來就完成了。

❖材料（一個份）＆道具❖

〈主體棉繩〉3股線（Stella Sea Fibers 公平貿易有機棉繩 3股線／粗約：3mm）

棉繩A…170cm×24條　棉繩B…30cm×2條

※棉繩A、棉繩B皆為相同顏色（顏色：原色）

〈道具〉基本道具（P.3）、厚紙板（寬4cm×8cm）×1張

❖作法❖ ※為方便理解，使用不同顏色的棉繩進行示範、說明。

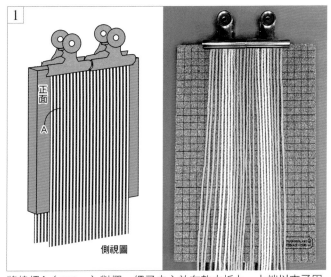

1

將棉繩A（170cm）對摺，繩子中心放在軟木板上，上端以夾子固定。

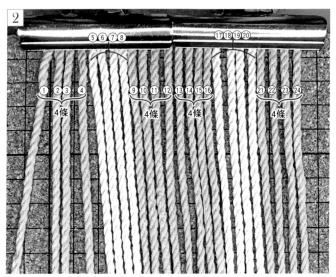

2

除了⑤⑥⑦⑧和⑰⑱⑲⑳外，將棉繩4條為一組各別打一個平結（P.6），共4次。和夾子之間不要產生空隙，緊實結目。

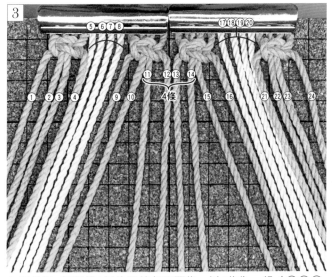

3

左側起第2個和第3個的平結各取兩條，以4條為一組（⑪⑫⑬⑭）打一個結目。

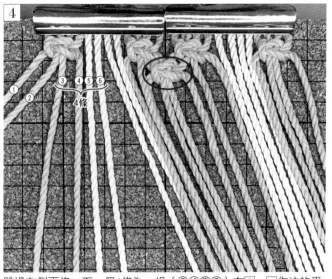

4

跳過左側兩條，下一個4條為一組（③④⑤⑥）在③・④作法的平結（○）同高度，打一個平結。

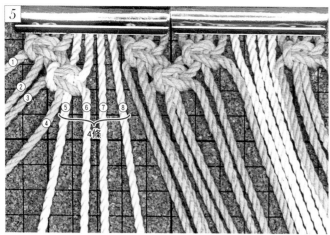

跳過左側四條，下一個4條為一組（⑤⑥⑦⑧）打一個平結。

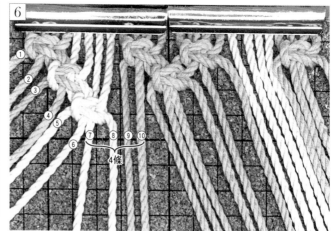

跳過左側六條，下一個4條為一組（⑦⑧⑨⑩）打一個平結。

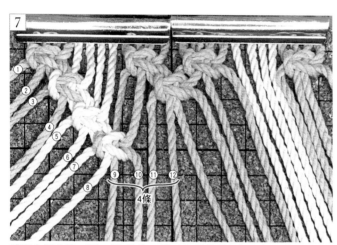

跳過左側八條，下一個4條為一組（⑨⑩⑪⑫）打一個平結。

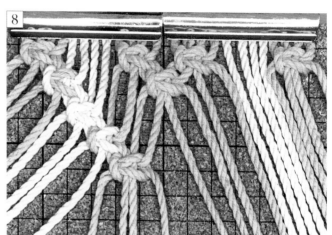

從左側開始往右斜下方打5個平結。

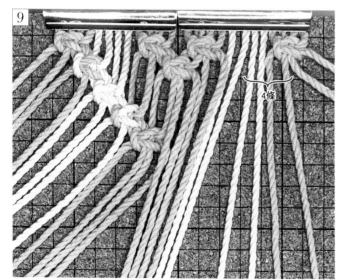

右半側和④～⑧編織的平結以左右對稱，從右側打5個平結。

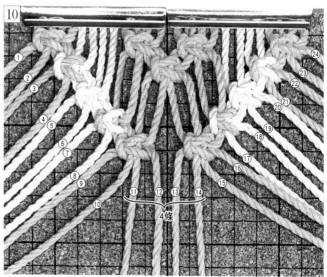

正中間的4條一組（⑪⑫⑬⑭）打一個平結。

平結打成V字花樣。

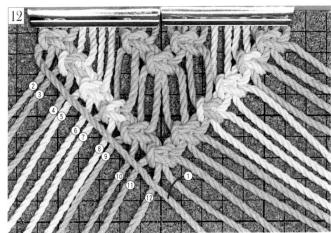

左側的棉繩①作中心繩，依②→③→④→⑤→⑥→⑦→⑧→
⑨→⑩→⑪→⑫的順序打往右斜下的斜卷結（P.8）。

斜卷結完成的樣子。

右側的棉繩㉔作中心繩，依㉓→㉒→㉑→⑳→⑲→⑱→⑰→⑯
→⑮→⑭→⑬→①的順序打往左斜下的斜卷結。

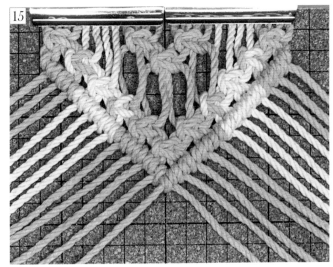

以斜卷結編織V字花樣。

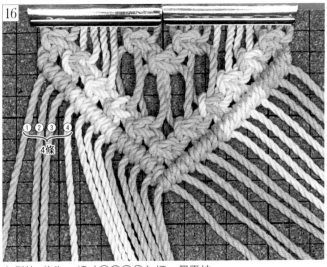

左側的4條為一組（①②③④）打一個平結。

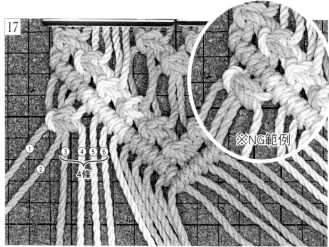

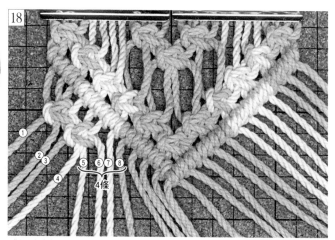

將結目打成水平橫向。不可像右圖的NG圖，打成斜向結目。接著，跳過左側兩條，將相鄰的4條一組（③④⑤⑥）打一個平結。

跳過左側四條，將相鄰的4條一組（⑤⑥⑦⑧）打一個平結。

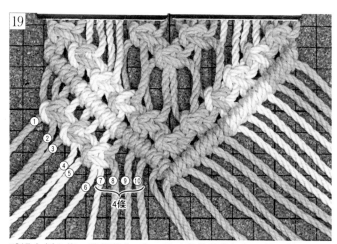

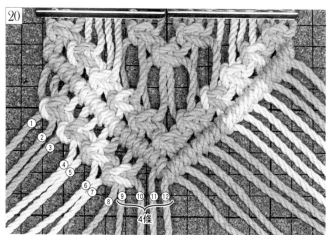

跳過左側六條，將相鄰的4條一組（⑦⑧⑨⑩）打一個平結。

跳過左側八條，將相鄰的4條一組（⑨⑩⑪⑫）打一個平結。

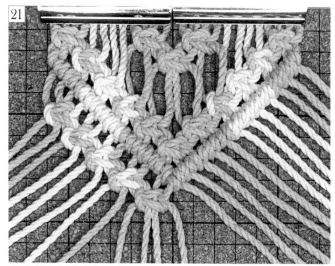

完成從左側往右斜下打的5個平結。右半邊也依16～21相同要領，從右側開始打5個平結。

正中間的4條一組打一個平結。

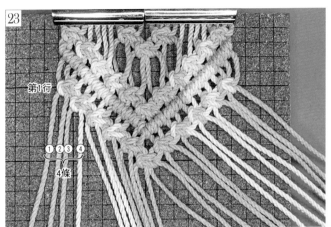

平結打成V字花樣。這樣是第1行。接著取左側的4條一組
（①②③④）。

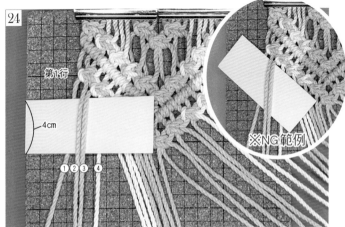

夾入厚紙板（4cm×8cm），依圖示調整為橫向，結目位置在厚紙
板下方，以4條一組（①②③④）打一個平結。注意厚紙板不可像
NG範例，斜向擺放厚紙板。

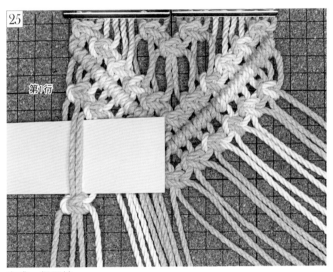

完成一個平結。

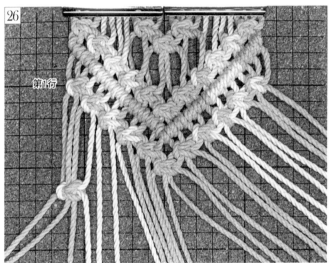

取出厚紙板。接著像 24・25 相同作法夾入厚紙板後打4個平結。
（打結法參照 17～20）。

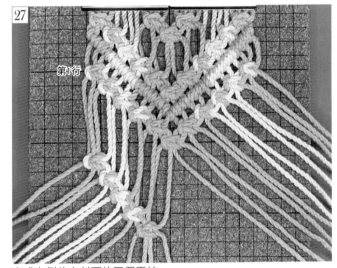

完成左側往右斜下的五個平結。
※夾入厚紙板可以打出間隔均等的結目。

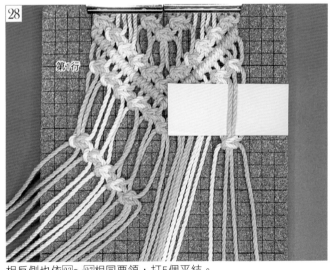

相反側也依 23～27 相同要領，打5個平結。

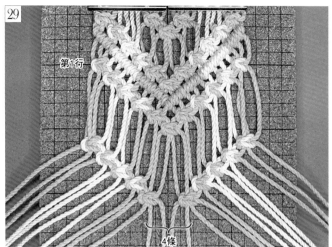

正中間的4條一組打一個平結。

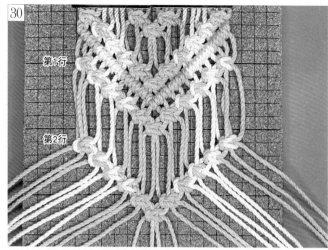

平結打成V字花樣。這樣完成第2行。

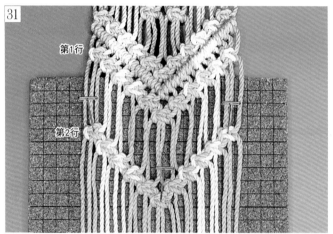

如果編織物大小已超過編織用板，可以拆開夾子，將整體往上移後，第2行以T字固定針固定。

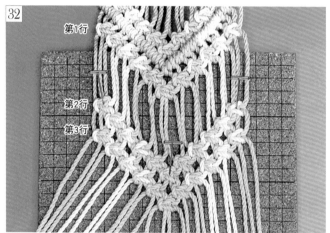

在26～30平結編織的V字花樣下方，再打1行平結。作第3行。

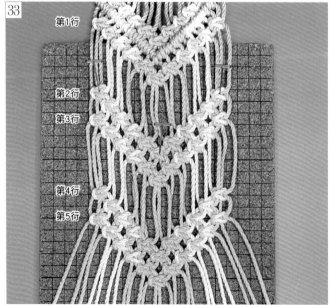

接著和23～32相同作法，打兩行平結編織成V字花樣。這邊作第4～5行。

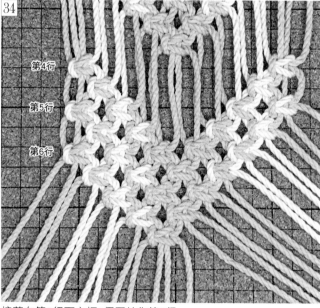

接著在第5行下方打5個平結作第6行。

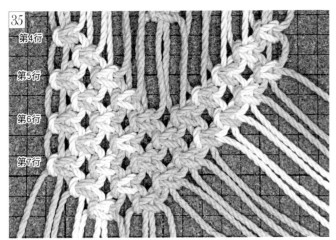

在第6行下打3個平結作第7行。

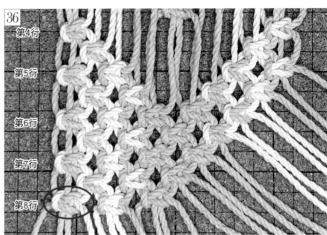

在第7行下方打一個平結（標示○處）作第8行。

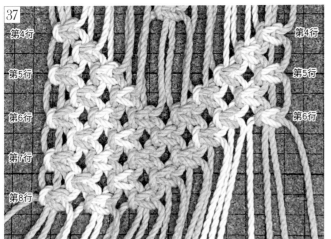

右半側依 34～36 相同要領，左右對稱打平結。

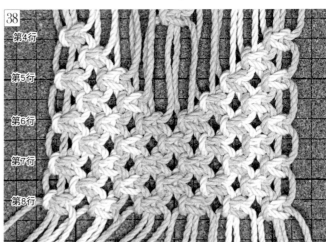

左右兩側皆對稱打共8行的樣子。

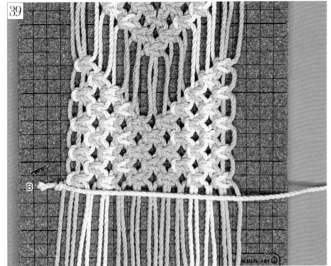

將棉繩B（30cm）繩端打單結，在第8行的平結下方水平處，以T字固定針固定。

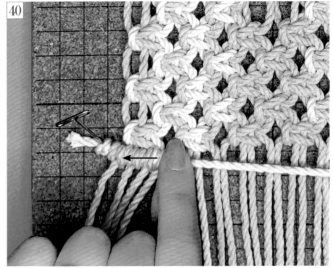

將棉繩B作中心繩，從左側開始打1行橫卷結。一個平結所需的4條棉繩都打上橫卷結後，並使結目緊密勿使橫卷結的寬度過寬。

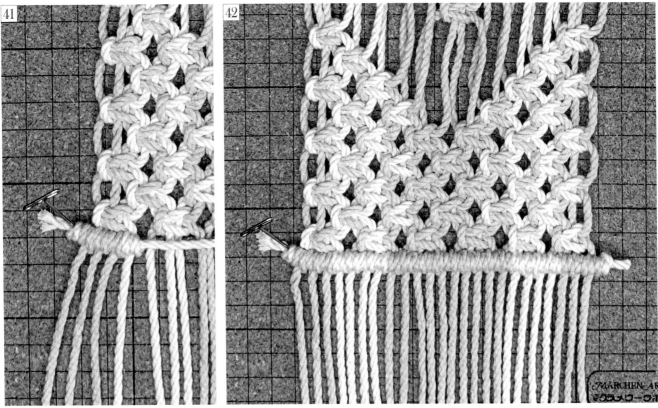

結目緊密的樣子。重複40・41，剩餘的部分打上橫卷結。

棉繩B右端打單結，修剪多餘的繩子。

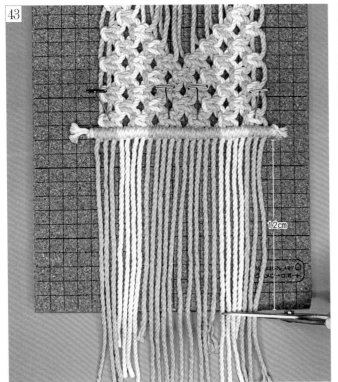

從橫卷結往下12cm處，對齊專用板下端後剪齊。

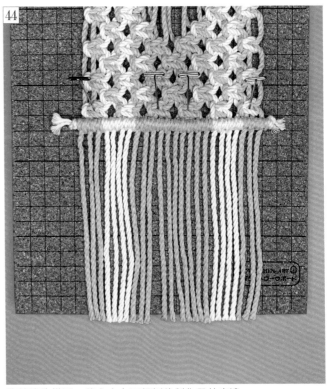

修剪後的樣子。將方向上下顛倒後製作另外半邊。

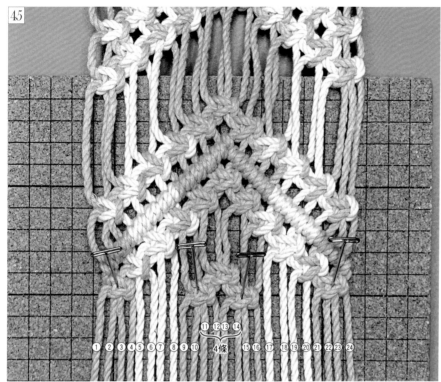

45

① ② ③ ④ ⑤ ⑥ ⑦ ⑧ ⑨ ⑩ ⑪ ⑫ ⑬ ⑭ ⑮ ⑯ ⑰ ⑱ ⑲ ⑳ ㉑ ㉒ ㉓ ㉔
4條

將②・③完成的平結以T字固定針固定。將正中間的4條一組（⑪⑫⑬⑭）打一個平結。

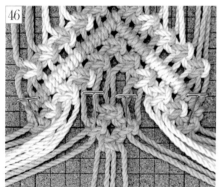

46

中心部份以平結編織出菱形花樣。

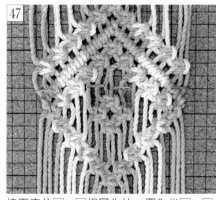

47

接下來依④～㊹相同作法。圖為從④～⑪完成後的樣子。

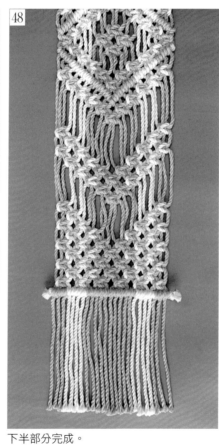

48

下半部分完成。

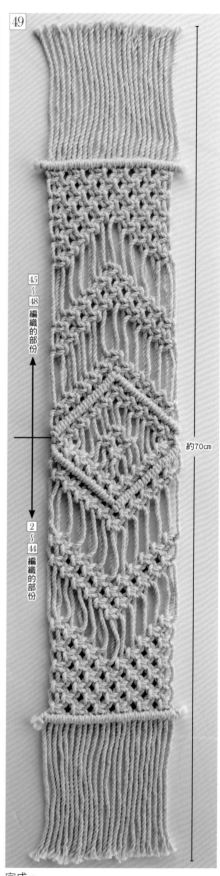

49

45～48 編織的部份

2～44 編織的部份

約70cm

完成。

流蘇編織瓶罩

在玻璃瓶口卷上棉繩打出花樣。
完成的玻璃瓶不管是拿來裝小
物，或是裡面放入LED蠟燭就能
當作燈籠。

〈**主體棉繩**〉3股線（Bobbiny Macrame編織3股線／ 粗約：2mm）

　棉繩A…35cm×1條　　棉繩B…60cm×36條

　※棉繩A、棉繩B皆為相同顏色（顏色：原色）

〈**其他材料**〉玻璃瓶（直徑約8cm、口徑6cm、高9cm）1個

〈**道具**〉基本道具（P.3）

❖**作法**❖ ※為方便理解，使用不同顏色的棉繩進行示範、說明。

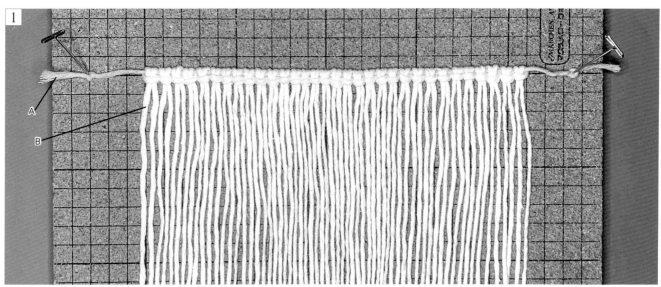

將棉繩A（35cm）的兩端打單結（P.6），並以T字固定針固定。棉繩B（60cm）36條中取32條對半摺，打雀頭結（圈環在正面）綁在棉繩A上。

將①捲繞在玻璃瓶身上，棉繩A的兩端交叉。

※②～⑬作法中，為了方便看清打結繩，製作時將棉繩適當地整理至後面。

在棉繩A兩條交叉重疊的部分，將剩下的棉繩B（60cm）4條對摺，打雀頭結（圈環在正面）。棉繩A往左右方向拉緊。

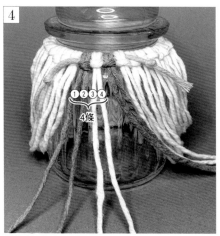

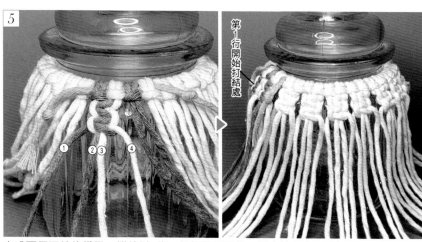

從③中綁上的棉繩B的左側開始4條一組（①②③④）打兩個平結（P.5）。

完成兩個平結的樣子。繼續以4條一組打兩個平結，逆時針方向一圈打18次平結。

第2行，從相鄰平結中各挑兩條內側的棉繩，以4條一組（③④⑤⑥）打3個平結結目的球型結（P.7）。本作品在第1行的平結間會有空隙，將中心繩穿過空隙，拉中心繩做出球型後，再打平結固定。完成平結3個結目的球型結。

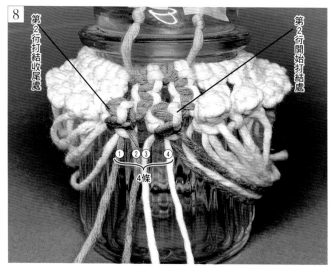

和⑥相同作法以4條一組，逆時針方向打一圈3個平結結目的球型結，共打18個球型結。

第2行編到收尾處時，從開始的球型結內側取兩條棉繩，以4條一組（①②③④）打一個平結。

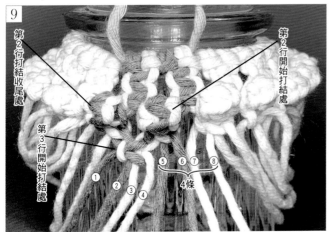

與⑧完成的平結相鄰的4條一組（⑤⑥⑦⑧）打一個平結。

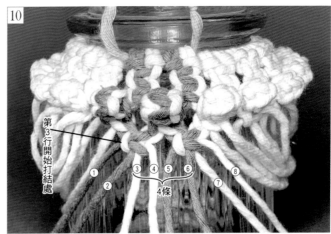

從第3行開始的平結和相鄰平結的內側各取兩條棉繩，以4條一組（③④⑤⑥）打一個平結。

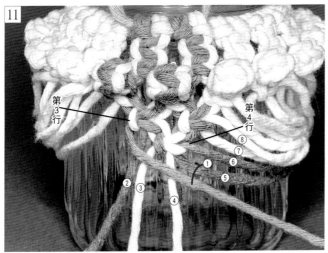

第3行平結左側的棉繩①往內側回摺。將①作中心繩，依②→③→④的順序打往右下的斜卷結（P.8）。

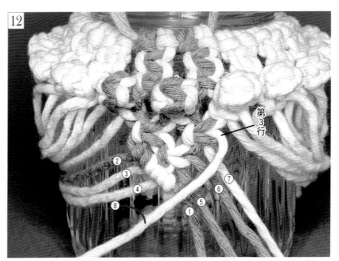

第3行平結右側的棉繩⑧往內側回摺。將⑧作中心繩，依⑦→⑥→⑤→①的順序打往左下的斜卷結（P.8）。

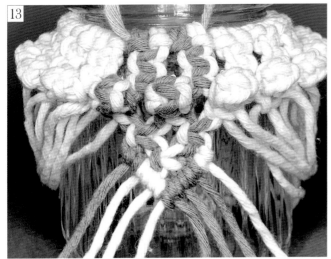

完成一個菱形的小花樣。重複⑧～⑫逆時針方向一圈，編織9個小花樣。

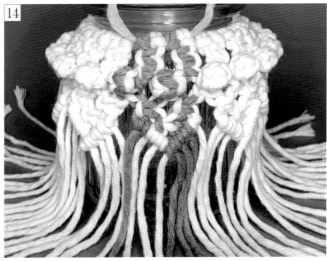

小花樣完成。

在棉繩A內側（標示★的兩處）沾上黏著劑固定。

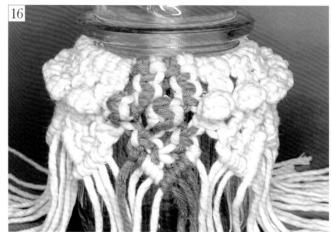

以剪刀修剪棉繩A。

蓋上瓶蓋，以剪刀將繩端修剪整齊。

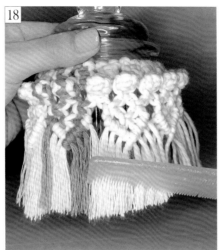

用梳子將繩的尾端梳開。

再次以剪刀修剪繩的尾端。

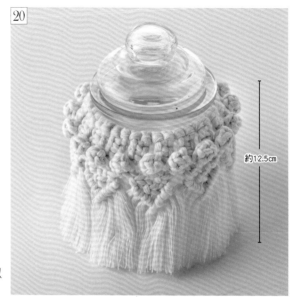

約12.5cm

完成。
配合瓶子大小改變製作尺寸時，請以
4條為一個單位進行增減。

後記

　　將一條棉繩透過簡單而重複的打結，專注於當下、啟發各種新的思緒，也能發現新的自己。當隨心所欲地跟隨感受編織繩結，漸漸地感受到充滿幸福的情懷。對於我而言，與Macrame編織相伴時，意味著進入一個「面對自我」的寶貴時刻。對你來說，又會是怎樣的體驗呢？

　　請試著毫無拘束地表現出內心的「喜愛」，相信將看到嶄新的世界。邀請您放鬆地試著感受——享受與Macrame編織共度的舒適時光。

村上 沙織

⊘ 繩編手作 01

Macramé 花編結・法式繩結編織設計
波西米亞風格家飾品

作　　者／村上沙織
譯　　者／莊琇雲
發 行 人／詹慶和
執行編輯／詹凱雲
編　　輯／劉蕙寧・黃璟安・陳姿伶
執行美編／韓欣恬
美術編輯／陳麗娜・周盈汝
內頁排版／造極
出 版 者／雅書堂文化事業有限公司
發 行 者／雅書堂文化事業有限公司
郵政劃撥帳號／19452608
戶　　名／雅書堂文化事業有限公司
地　　址／新北市板橋區板新路206號3樓
電　　話／(02)8952-4078
傳　　真／(02)8952-4084
電子信箱／elegant.books@msa.hinet.net

2024年6月初版一刷　定價 480 元

Lady Boutique Series No.8184
HAJIMETE TSUKURU MAKURAME
©2021 Boutique-sha, Inc.
All rights reserved.
Original Japanese edition published in Japan by BOUTIQUE-SHA.
Chinese (in complex character) translation rights arranged with BOUTIQUE-SHA
through Keio Cultural Enterprise Co., Ltd., New Taipei City, Taiwan.

經銷／易可數位行銷股份有限公司
地址／新北市新店區寶橋路235巷6弄3號5樓
電話／(02)8911-0825　傳真／(02)8911-0801

國家圖書館出版品預行編目(CIP)資料

Macramé花編結・法式繩結編織設計：波西米亞風格家飾品 / 村上沙織著；莊琇雲譯.
-- 初版. – 新北市：雅書堂文化事業有限公司,2024.06
　面；　公分. -- (繩編手作; 01)
ISBN　978-986-302-723-2(平裝)

1.CST: 編結 2.CST: 手工藝

426.4　　　　　　　　　　113006845

日文版 STAFF

編輯・排版／アトリエ・ジャム（http://a-jam.com/）
攝影(意象)／大野 伸彦
造　　型／オコナーマキコ

Bohemian
Style

Macramé

Bohemian
Style